和真的一樣！

# 甜點手工皂

頂級名師傳授18款作品配方、
配色技巧、操作秘訣，新手安心學

木下和美◎著
Demi◎譯

朱雀文化

# 前言

沉浸在手工皂溫柔細緻的香氣和泡沫中，
總能讓人感到心靈放鬆、恢復活力，並且轉換心情。

我相當喜愛甜點和手工皂，於是，甜點造型手工皂便誕生了。

有一段時間，我也認為清洗身體的肥皂還是簡單最好，
不過在嘗試設計，並且完成一個個甜點造型手工皂之後，
製作過程中的樂趣、做出宛若甜點般質感的喜悅，
還有看到甜點造型手工皂獨特可愛的外型、豐厚起泡的使用感，
全都令人興奮不已。

書中的甜點造型手工皂，是以MP皂
（加熱融化，再添加個人喜愛的顏色、香味，
等皂液凝固便可製成）製作的。

和一般的手工皂不同，它不需要用到藥劑，
也很容易凝固。

而且任何人都可以輕鬆製作，做好當天就能使用，
潔淨力更不輸一般肥皂。

在我開始做手工皂時，
完全不知道肥皂可以有這麼多變化和種類。

因為肥皂每天都會用到，
我才想推廣這讓人愛不釋手的甜點造型手工皂，讓更多人認識，
希望大家能開心地製作手工皂。

aromatica Labo
木下和美

------------------

**擁有花草香氣和柔軟泡沫的手工皂**
aromatica Labo
http://aromatica-labo.jp/
＊手工皂教室（https://www.ass-aromatica.jp/soap/）
＊Instagram（https://www.instagram.com/kinoshitakazumi/）

CONTENTS 目錄



START UP!

# BASIS OF SWEETS SOAP

## 甜點造型手工皂的基礎知識



BASIC RECIPE

## 甜點造型手工皂的基本做法



＊ 關於書中的甜點造型手工皂

· 為了防止孩童誤食,請妥善保管成品,並慎選放置地點。

· 禁止未經許可便公開甜點造型手工皂的製作方法、將本書內容移作商業用途、以本書中的作品參加比賽等超出個人利用範圍的行為。

· 依使用材料的不同,成品也會略有差異。

· 為了讓作品呈現最佳效果,本書作品介紹頁(P.8～P.32)的順序是依據視覺設計,因此和步驟頁(P.50～P.92)的順序略有出入。

# SWEETS SOAP RECIPE

## PART 1

## 基本的<br>甜點造型手工皂



## PART 2

## 活動主題、季節甜點<br>造型手工皂

# 用MP皂製作手工皂的魅力

**甜點造型手工皂能充分發揮MP皂的魅力，是一種新的手工皂製作方式。**
**這裡將先為各位介紹MP皂的魅力所在。**

## 只要多花一點工夫，就能做出造型多變且超擬真安全、安心的MP皂

一般手工皂都是用油脂加鹼製成的。放置數週熟成後的手工皂，使用後相當舒適，十分吸引人。

在各種手工皂中，MP皂（融化再製皂）由於方便好用，也是最容易被眾多初學者接納的材料。MP皂的「MP」是Melt & Pour（融化&倒入）的簡寫。也就是説，只要將材料融化倒入模具中，等待冷卻凝固後就完成了。此外，由於僅需50～60℃即可融化，用微波爐或隔水加熱便能輕易融化，即使孩童也能安全地使用。

因為太簡便好用，MP皂常被當作是專給初學者用的材料，藉由打成鬆軟泡狀的新技巧，讓MP皂有了更多變化。不只是單純倒入模型中，多費一點工夫，便能享受做出各種造型變化和追求擬真感的樂趣。

MP皂的原料依製作廠商各不相同，有天然也有合成的，其中也有被稱作「甘油皂」的。

甘油是代表性的保濕成分之一，在藥妝店也能用便宜的價格購入，是很容易取得的材料。不僅親膚、保濕效果佳，安全性也很高，甚至被拿來製作嬰兒保養品。

這麼安全好用，且在製作完成當天就能使用的MP皂，因為可以用來製作甜點造型手工皂，於是在手工皂的世界中也越來越受矚目。

## MP皂

依製作廠商不同，MP皂的透明度和顏色也略有差異，但大致上可以分成白色MP皂和透明MP皂。本書中，我也會用白色MP皂基、透明MP皂基來區分。

〔白色MP皂基〕

製作甜點造型手工皂的主要材料。利用微波爐融化後，在凝固前會先攪打再使用。可用打蛋器完全打發，或是用湯匙輕輕攪拌，利用不同的攪打方式，便能輕鬆營造出不同的蓬鬆感。

〔透明MP皂基〕

在書中作品的做法中，會用來表現蘋果派內餡、果醬等半透明的物體，或是呈現蜂蜜流下等動態。使用感與白色MP皂一樣，不過加入上色材料，輕輕混合打發後，便能用來表現物體的黏稠感。

---

## 其他手工皂材料

〔皂基〕

皂黏土可以像黏土一樣揉捏，適合製作水果等有固定形狀的物體，而皂基正是用來製作皂黏土的材料。皂基原本是顆粒狀，用刀子或食物調理機切細，再加水揉捏，便能做成黏土狀的皂黏土。

〔液態皂〕

正如其名，是液體狀的肥皂，製作雞尾酒果凍等甜點造型手工皂時會用到。此外，液態皂也很適合用來增添蓬鬆感，所以在製作裝飾用的鮮奶油時，也會派上用場。

# 草莓千層派

**STRAWBERRY MILLEFEUILLE**

**>> 做法參照 P.56**

# 奶油泡芙

**CREAM PUFF**

**>> 做法參照 P.66**

# 巧克力蛋糕

**CHOCOLATE CAKE**

>> 做法參照 **P.52**

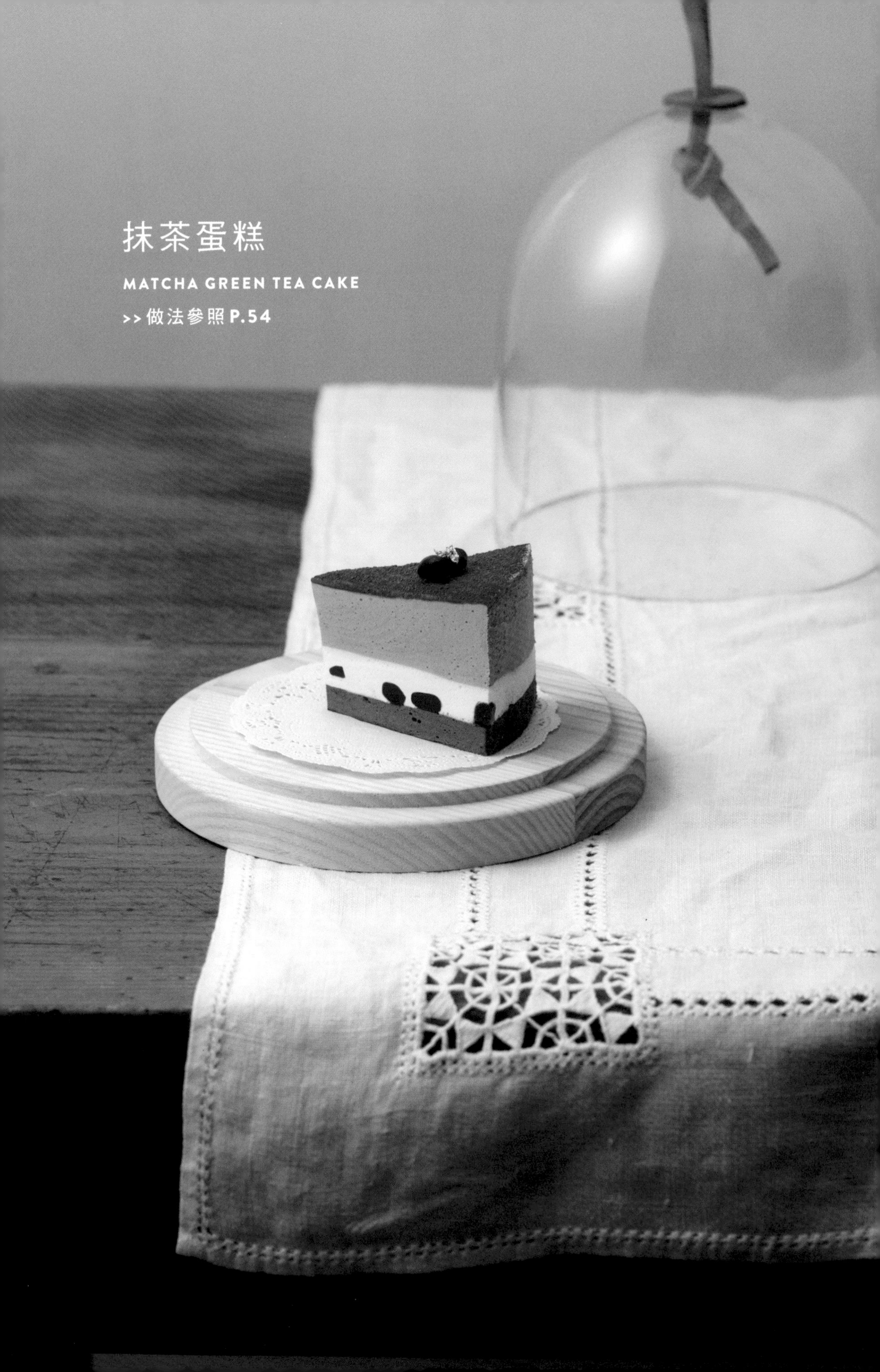

# 抹茶蛋糕

MATCHA GREEN TEA CAKE

>> 做法參照 P.54

# 蛋糕捲

**ROLL CAKE**

**>>做法參照 P.50**

# 生乳酪蛋糕

**RARE CHEESE CAKE**

>> 做法參照 **P.64**

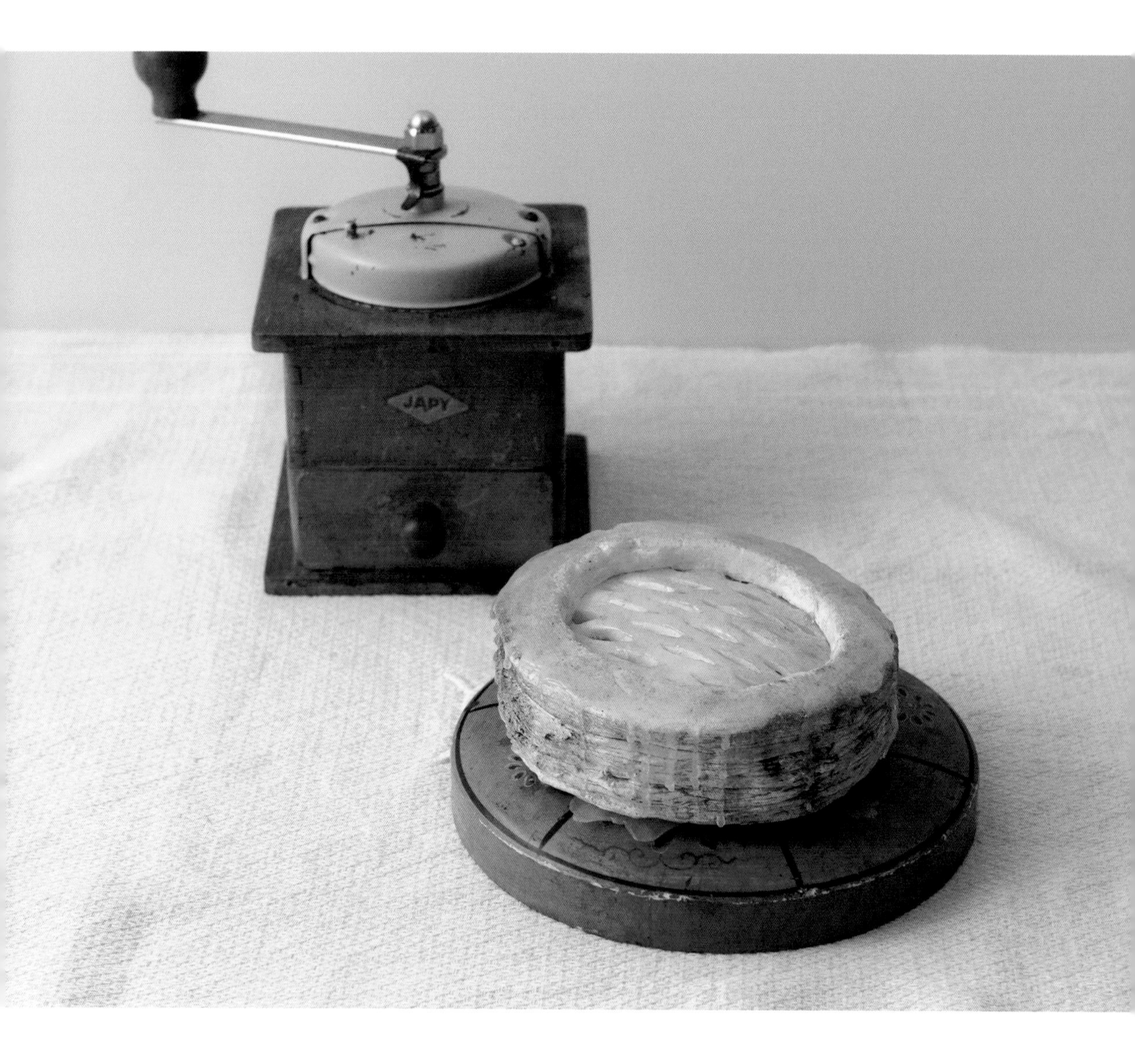


# 蘋果派

**APPLE PIE**

**>> 做法參照 P.58**

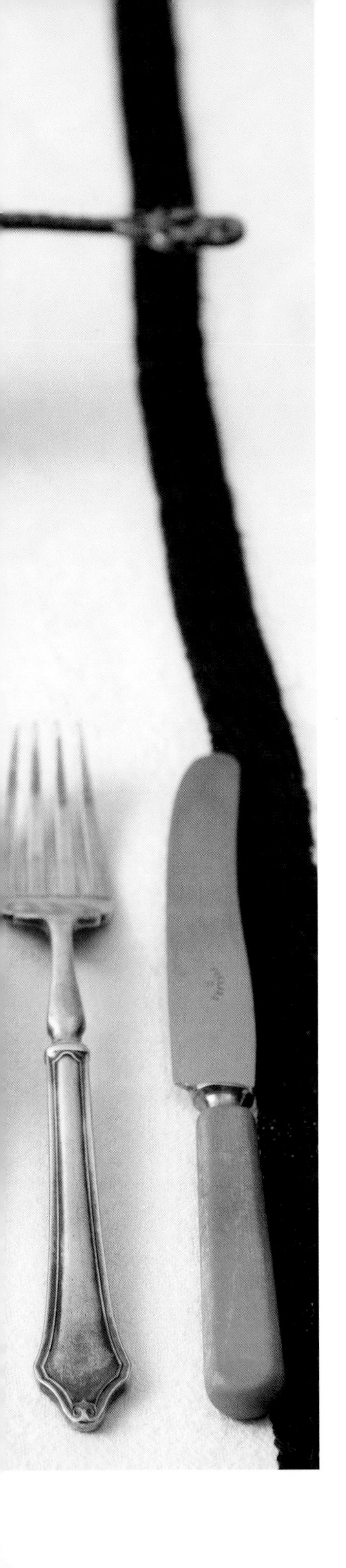

# 鬆餅塔

**PANCAKE TOWER**

>> 做法參照 **P.61**

# 俄羅斯餅乾

## RUSSIAN COOKIES

>> 做法參照 P.68

# 杯子蛋糕

**CUPCAKES**

**>> 做法參照 P.70**

# 甜甜圈

**DONUTS**

>> 做法參照 **P.78**

Milk
DAIRY DELIVERY DAIRY
COMPANY
Campagne

馬卡龍
MACARONS
>> 做法參照 P.72

>> 做法參照 P.74

# 雞尾酒果凍

## COCKTAIL JELLY

>> 做法參照 P.76

Miss Johnson sat down shaking her head, then yawned.
Miss Bulstrode followed Kelsey into the hall.
"I gave her rather a lot of brandy," she said, apologetically.
"It's made her a little voluble. But not confused, do you
think?"
"No," said Kelsey. "She gave quite a clear account of what
happened."
Miss Bulstrode led the way to the side door.
"Is this the way Miss Johnson and Miss Chadwick went
out?"
"Yes. You see it leads straight on to the path through the
rhododendrons there which comes out at the Sports
Pavilion."
The Inspector had a powerful torch and he and Miss
Bulstrode soon reached the building where the lights were
now glaring.
96
"Miss Chadwick?" he said.
"Yes."
"Yes. She was just as she is now. She was dead
"And the time?"
97

## 綜合巧克力

**CHOCOLATE ASSORTMENTS**

>> 做法參照 **P.82**

# 鮮奶油花裝飾蛋糕

**FLOWER DECOLATED CAKE**

>>做法參照 **P.86**

# 聖誕木柴蛋糕

**BÛCHE DE NOËL**

>> 做法參照 P.84

# 練切—和菓子

**NERIKIRI - JAPANESE SWEETS**

**>> 做法參照 P.90**

START UP!

# BASIS OF SWEETS SOAP

# 甜點造型手工皂的基礎知識

甜點造型手工皂在顏色和外觀上，都和真正的甜點一樣有豐富的變化，
但做法比真正的甜點更單純。
只要學會了基礎知識，便能立刻挑戰製作各種甜點造型手工皂。

# MATERIALS & TOOLS

## 本書使用的工具&材料

基本上，製作甜點造型手工皂的MP皂
都要經過融化、打發的步驟，所以必須先準備好一些基本工具，
額外的工具可以用家裡現有的東西，
或是買便宜的東西加工使用。

### 〔基本工具〕

微波爐　料理秤（測量用）　耐熱量杯

砧板　刀　打蛋器

手套　擠花袋&花嘴　夾鏈袋

免洗杯　免洗湯匙　竹籤、牙籤

烘焙紙　保鮮膜　擀麵棍

## 〔有了它更方便！的工具和材料〕

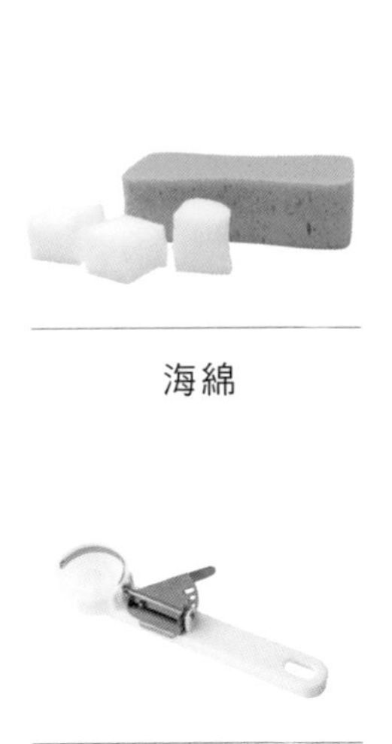

海綿

鋼杯

網篩

冰淇淋杓

圓形慕斯圈
（烘焙用具）

湯煎器
（也可以用鍋子隔水加熱）

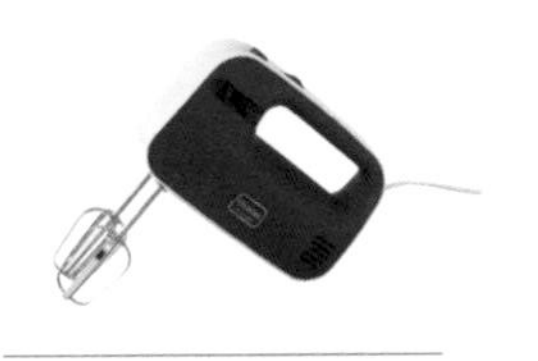

手提電動攪拌器

裱花釘（烘焙用具）

餅乾壓模

方格紙（蛋糕模用）

香檳杯

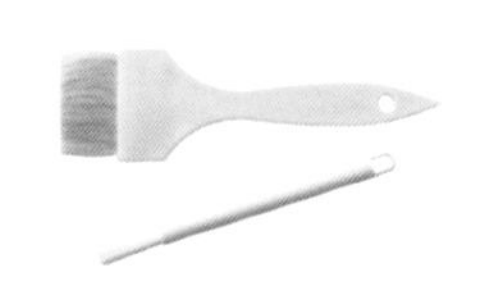

毛刷

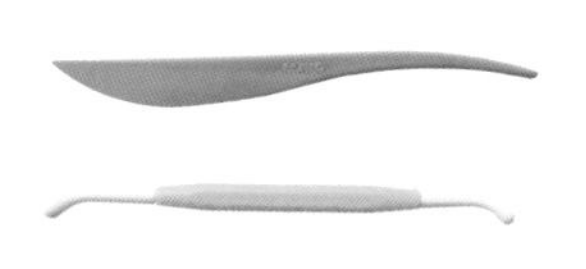

黏土用刮刀（刮刀、刮棒）

蛋糕紙模

玉米粉

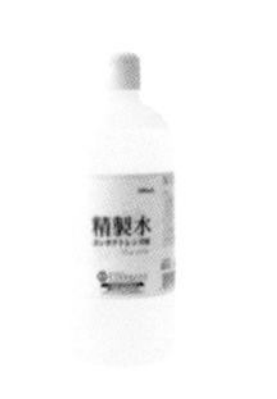

精製水
（指蒸餾水，或過濾過度的純水）

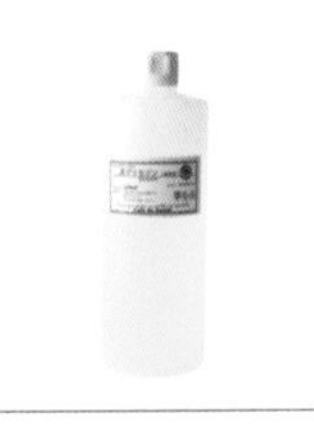

濃甘油

＊也有用到以下工具和材料：
羅望子香料粉、
網架、美工刀、剪刀、
鑷子、溫度計等。

COLOR

# 本書使用的上色材料

美麗的色彩是甜點造型手工皂的魅力之一，
但從肥皂的使用來看，建議選用親膚的上色材料。
只要使用手工化妝品用的上色材料或食用粉末，
不僅可以安心使用，也能呈現出自然的色調。

＊製作本書的手工皂時，上色材料（食用色膏除外）都是以少量水溶解成水溶液，然後再使用。

RED

紅（氧化鐵／紅色，或有機顏料）

YELLOW

氧化鐵（黃色）

BROWN

氧化鐵（棕色）

WHITE

二氧化鈦

GOLD

金雲母粉

YELLOW

薑黃粉

BROWN

可可粉

PINK

粉紅石泥粉

GREEN

氧化鉻

PINK

粉紅群青粉

VIOLET

紫群青粉

BLUE

藍群青粉

GREEN

氫氧化鉻

BLACK

竹炭粉

糖霜餅乾用食用色膏

# FRAGRANCE

## 本書使用的香料

即使看起來再像甜點，但終究還是肥皂，
所以製作時，可以依個人的喜好添加香味。
可以選用搭配甜點造型手工皂的香甜味，
但為了避免誤食，建議添加精油等植物系的香味。

＊若加熱前就添加香料，香氣容易揮發，所以最好在加熱之後再加入香料。

### 如果喜歡甜點的香氣……

**精油**

- ○柑橘
- ○佛手柑
- ○檸檬
- ○葡萄柚
- ○安息香　等等

**食用香料**

- ○香草籽
- ○香草精

**香料植物**

- ○薄荷
- ○肉桂

### 如果想加上芳療效果……

**推薦的芳香精油**

| | |
|---|---|
| 薰衣草 | 很受歡迎，香氣能使人放鬆。 |
| 迷迭香 | 令人感到舒適，類似樟腦的香氣。 |
| 紫檀木 | 類似玫瑰的明朗溫和花香調。 |
| 依蘭 | 能提振精神的強烈甘甜香氣。 |
| 天竺葵 | 使人心情平靜，高雅甜美的香氣。 |
| 茶樹 | 散發清涼感的刺激香氣。 |
| 檸檬草 | 能使心靈恢復活力的清爽香氣。 |
| 尤加利 | 使人心情舒暢，擁有活力的香氣。 |
| 廣藿香 | 舒適深沉的東方系香氣。 |
| 杜松 | 清新醒腦，強烈的木質調香氣。 |

# TOPPING

## 本書使用的裝飾材料

裝飾素材能為甜點造型手工皂的外觀帶來畫龍點睛的效果。
雖然也可以用肥皂做出堅果碎片，或是椰子粉等裝飾材料，
但只要善加利用市售的烘焙材料，
便能輕而易舉使甜點造型手工皂更獨特、吸引人。

FLOWER
玫瑰茶

COLOR SPRAY
彩色糖粒

PEARL
裝飾珍珠彩糖

# BASIC RECIPE 甜點造型手工皂的基本做法

## 海綿蛋糕

（最基本的打發）

經過融化、打發完成的海綿蛋糕，是製作甜點造型手工皂的基礎。只要經由打發這一個動作，就能自由製作出扎實或鬆軟的手工皂。確實掌握皂液倒入皂模的時機和流動的方法就能完成！

＊步驟③製作出的MP皂液，是書中各個手工皂的基本材料。100克MP皂約需使用15～25克水。

〔步驟〕

先將MP皂切成1～2公分的方塊，用微波爐加熱比較容易融化。

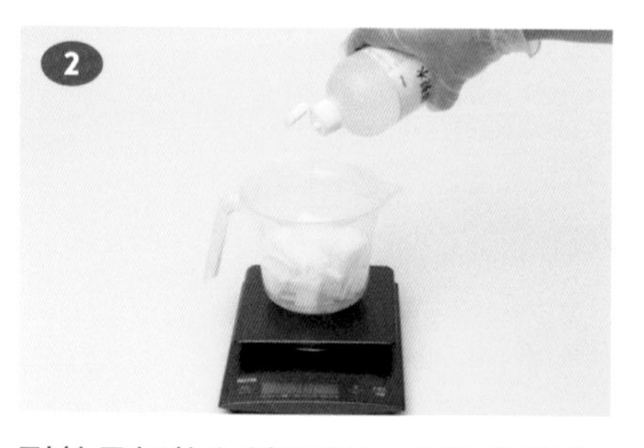

耐熱量杯放在料理秤上，調整歸零後，量取所需的MP皂分量，倒入精製水（指蒸餾水，或過濾過度的純水），如果沒有，可以改用白開水。

將步驟②量好的MP皂、精製水，連同量杯放入微波爐中加熱（用500～700瓦加熱10～30秒），取出後攪拌至MP皂融化。重複動作直到MP皂完全融化。小心不要被高溫的皂液燙傷了。

將氧化鐵（黃色）倒入免洗杯，以少量水溶解，混入步驟③的皂液，染上顏色後打發。操作時，將量杯稍微傾斜比較好打發。

**小訣竅**

用打蛋器比較好調整打發的程度，所以一般都會使用打蛋器。不過，有時為了避免打發太多泡沫，也會用湯匙做簡單的打發。

打發至皂液變成約4倍的量。使用打蛋器完全打發皂液需相當的耐心與毅力，建議以手提電動攪拌器操作比較方便。

〔材料〕

白色MP皂基…200克
水…約40克
（MP皂基重量的15～25%，
依廠商不同而略有差異。）
氧化鐵（黃色）…適量

〔工具〕

- 微波爐
- 砧板
- 刀
- 料理秤
- 耐熱量杯
- 免洗杯
- 免洗湯匙
- 打蛋器
- 方格紙
- 烘焙紙

**【關於模具】**

若沒有烘焙模具或想區分飲食用、手工皂用，可善用方格紙做成想要的模具。製作甜點造型手工皂時，無論蛋糕麵糊或巧克力的材料，都常用到這種方模。

方格紙模用釘書機或膠帶固定，裡面一定要加上烘焙紙。製作圓形蛋糕模時，只要用橡皮筋綁住周圍，烘焙紙交疊處也用訂書機固定，就能做出穩固的紙模。

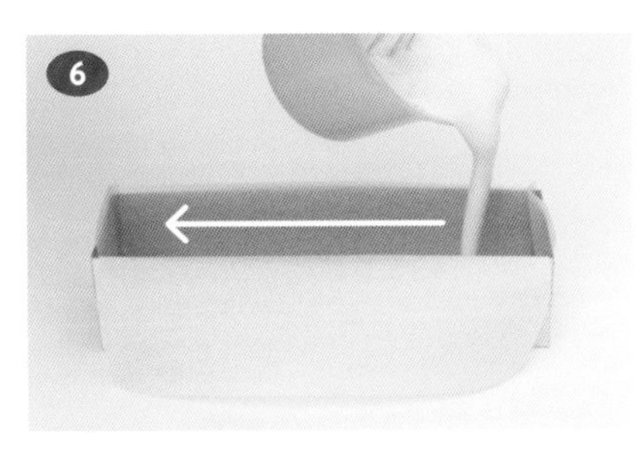

皂液倒入模具時，要緩緩移動，從模具的邊緣倒至另一邊。

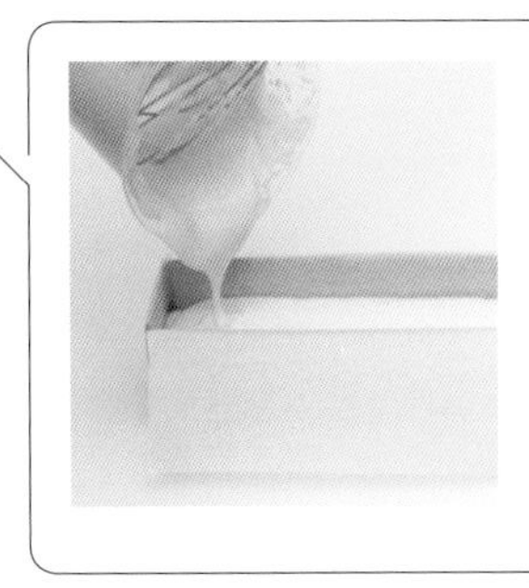

**小訣竅**

倒入皂液時要注意盡量往單一方向移動。如果來回移動，成品表面會變得凹凸不平。倒完後要輕敲幾次模具底部，排出皂液中多餘的氣泡，使表面平整。

直接放在常溫下，皂液也會凝固，但為了盡快完成，可以把模具放入冰箱中冷藏。以使用200克MP皂為例，大約冷藏15～20分鐘會凝固。從模具中取出凝固的肥皂，剝除表層的烘焙紙就大功告成囉！

**小訣竅**

剝除烘焙紙之後，雖然手工皂表面會顯得些許粗糙不平，但製作某些造型時，這種粗糙感剛好能派上用場。但若希望表面較光滑平整，可以用刀切除邊緣。

## 千層派皮

書中出現的草莓千層派(P.56)、蘋果派(P.58)都有用到千層派皮。只要在基本的海綿蛋糕造型皂上多下一點工夫，就能做出剛烤好的酥脆派皮。

〔材料〕

海綿蛋糕(參照P.38)…適量
氧化鐵(黃色)…適量
薑黃粉…適量
粉紅石泥粉…適量
可可粉…適量

〔道具〕

· 刀
· 海綿
· 烘焙紙
· 手套

〔步驟〕

參照P.38做好基本的海綿蛋糕，切成想用的大小(做蘋果派時會使用圓形蛋糕模)。用刀在側邊斷面上，劃出千層派皮一層一層的質感。

大致劃出千層派皮的質感後，隨意挑幾個地方刺入刀尖，使皂塊更像真正的派皮。

為皂塊加上烘烤過的色澤。此處使用4種上色材料：依序是粉紅石泥粉→氧化鐵(黃色)→薑黃粉→可可粉。把上色材料放在烘焙紙上，用海綿輕輕拍打，不均勻塗上顏色。

側邊也拍打上色，再刺入刀尖。在表面繼續上色，讓派皮更添寫實的層次感。操作時小心不要切到手。

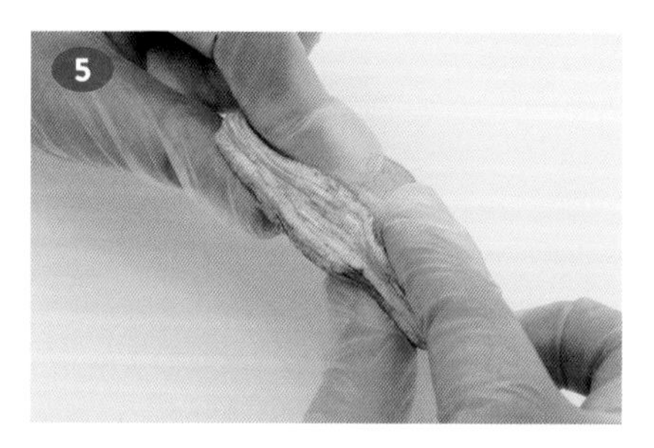

用手指輕輕壓扁處理好外型和顏色的皂塊邊緣，使其略微變形，會更像真正的派皮。

千層派皮完成了。

## 打發鮮奶油

打發鮮奶油是裝飾甜點造型手工皂不可或缺的東西。和烘焙點心相同，都是打發後裝入擠花袋，再以花嘴擠出。只要加入上色材料混合，便能做出各種顏色的鮮奶油。

〔材料〕

白色MP皂基…35克
液態皂…35克
玉米粉…60克

〔道具〕

- 微波爐
- 砧板
- 刀
- 料理秤
- 耐熱量杯
- 免洗杯
- 免洗湯匙
- 打蛋器
- 擠花袋&花嘴

將白色MP皂基和液態皂放入耐熱量杯中，以微波爐加熱融化，輕輕攪拌混合。

為了凸顯鮮奶油的白，在步驟①中加入玉米粉。

打發至舉起打蛋器或攪拌器，泡沫呈現直立的尖角。溫度下降太多的話，皂液會迅速凝固，訣竅在於趁皂液保有適當溫度時盡快打發。

小訣竅

打發皂液比做甜點用的鮮奶油更費力，為了完全打發，最好使用手提電動攪拌器。

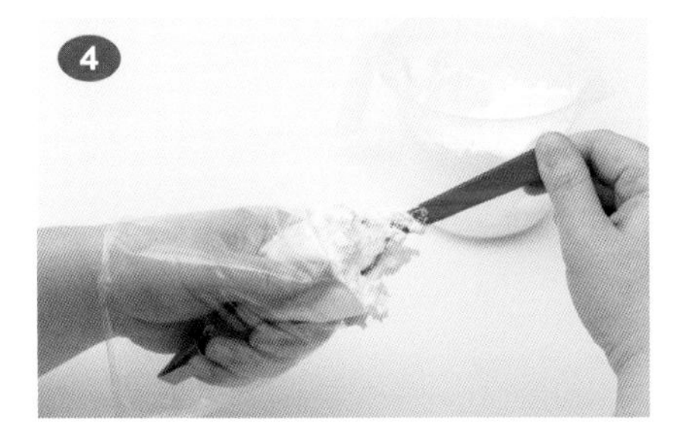

將步驟③裝入擠花袋中。由於擠出時產生的壓力比甜點用的鮮奶油來得大，建議用膠帶固定花嘴和擠花袋的連接處，可防止打發後的皂液從接縫溢出。

用花嘴就能擠出喜歡的形狀。也可以不使用花嘴，稍微剪開擠花袋的尖端（小洞口），即可擠出細小的線條。

## 淋面

淋面是製作甜點造型手工皂時常會用到的技法。不管哪種甜點，都能透過淋面增添鮮艷的色彩，並且自由做出霧面或鏡面的效果。

〔材料〕

白色MP皂基…100克
水…20克

〔工具〕

- 微波爐
- 刀
- 料理秤
- 耐熱量杯
- 打蛋器
- 免洗湯匙
- 竹籤、牙籤
- 烘焙紙

〔步驟〕

1. 將白色MP皂基和水放入耐熱量杯中，以微波爐加熱融化，再混入溶於少量水的上色材料。

2. 用打蛋器迅速打發。等打發的泡沫變得細緻且蓬鬆時，淋面用的鮮奶油就完成了（※若想做出鏡面效果則不用打發，可省略步驟②）。

3. 溫度下降後，淋面醬難以薄薄地流動擴散，成品的表面容易凹凸不平，所以打發後要盡快淋到作品上。並且不要從單一位置淋下，要不斷移動，徹底淋到每一個角落。

4. 淋面通常會淋好幾層，表面氣泡會一直殘留，所以每次淋面時，都要用竹籤或牙籤輕輕戳破那些醒目的大氣泡。

5. 流到側邊的多餘淋面醬一起放涼凝固。等淋面醬凝固後，用刀刃沿著作品邊緣切掉多餘的部分。

6. 拿起作品，清除多餘的淋面醬即可。

## 皂黏土

用皂基做成的皂黏土正如其名，可以像黏土一樣揉捏塑型，很適合用來製作裝飾甜點造型手工皂的水果。先做好基本的皂黏土備用，接下來只要混入上色材料，就能立刻動手製作。

〔材料〕

皂基…55克
水…20克
（可用水量調整軟硬度）
玉米粉…30克

〔工具〕

・料理秤
・夾鏈袋
・免洗杯

將皂基放入夾鏈袋中，加入水。建議將水稍微加熱成溫水，之後用手揉捏時，比較容易和皂基混合。

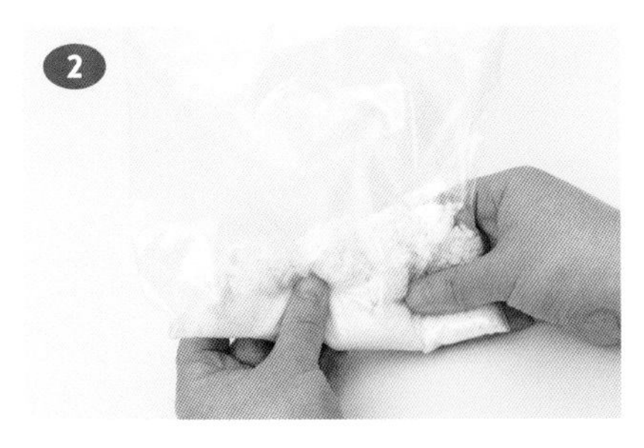

用手揉捏使皂基和水，使其大致混合，一邊擠出空氣，一邊封住夾鏈袋。放置半天等皂基吸收水分，有利於完成步驟③。

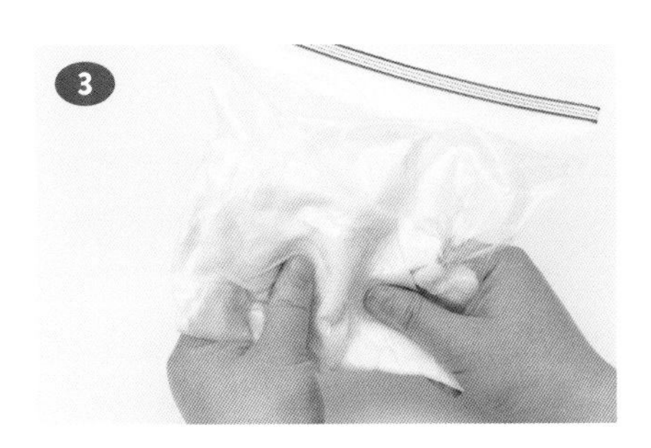

確實揉捏到皂基的顆粒完全消失。

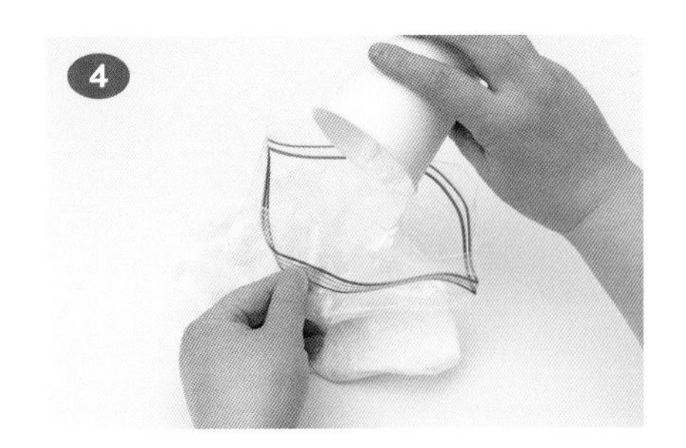

加入玉米粉繼續揉捏，將玉米粉充分混入黏土中。

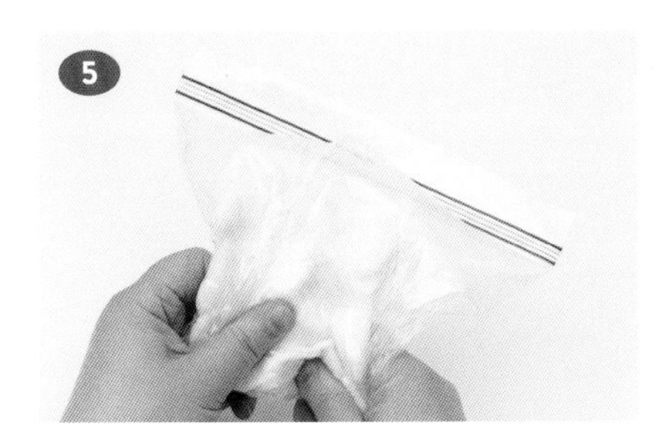

這時若還殘留皂基顆粒，可一邊壓碎，一邊仔細揉捏至黏土柔軟滑順。

等黏土成團且沒有殘留粉末時，基本的皂黏土就完成了。

## 用皂黏土製作的水果

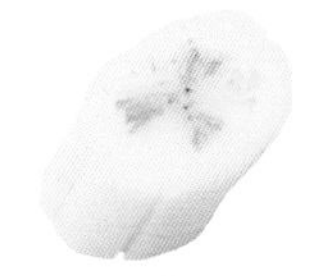

BANANA
### 香蕉

〔材料〕

皂黏土…適量
氧化鐵(黃色)…適量

〔工具〕

· 砧板
· 刀
· 牙籤
· 免洗湯匙

〔步驟〕

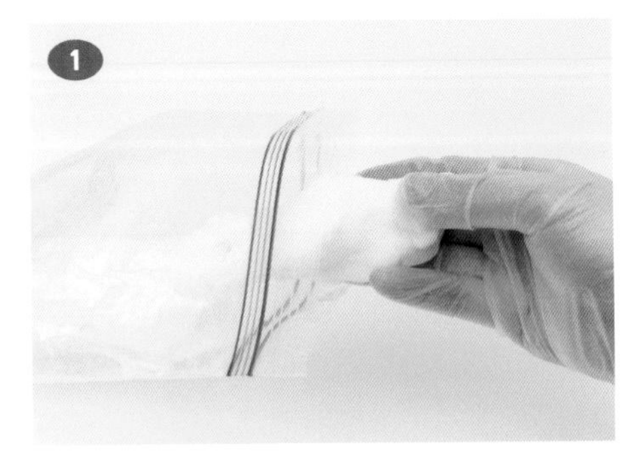

參照P.43準備基本的皂黏土。

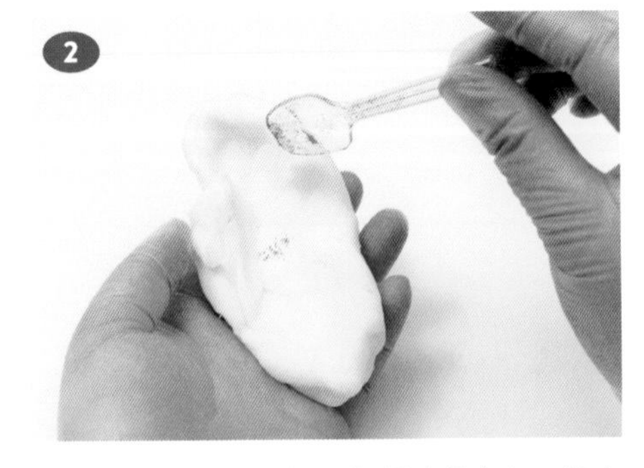

在黏土中混入些許氧化鐵(黃色)。藉由微調氧化鐵(黃色)的分量,依個人喜好做出顏色偏白或偏黃的香蕉。

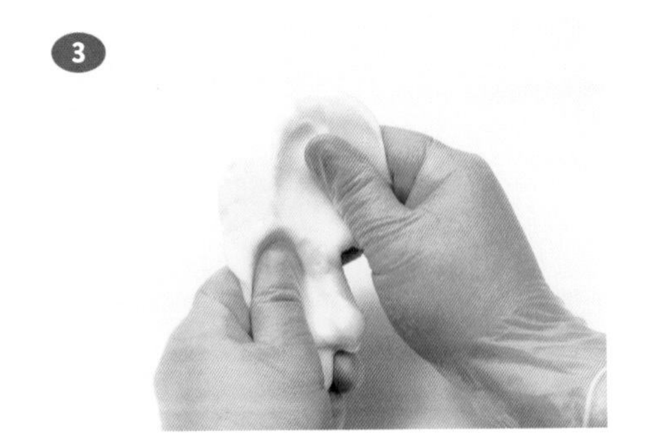

混入上色材料揉捏,使整根黏土變成香蕉的顏色。如果黏土仍殘留皂基顆粒,趁這時仔細揉捏,壓碎顆粒。

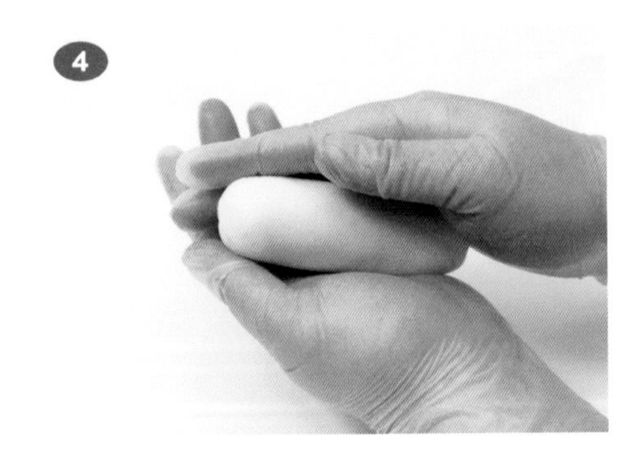

將黏土揉成圓柱狀。

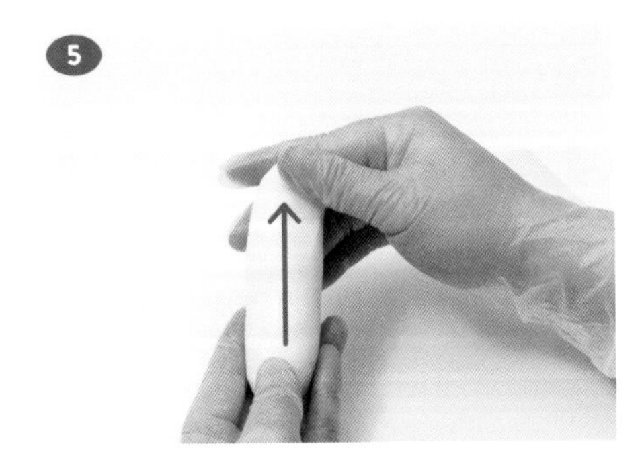

用拇指由下往上推整黏土,除去表面的裂痕或皺摺。

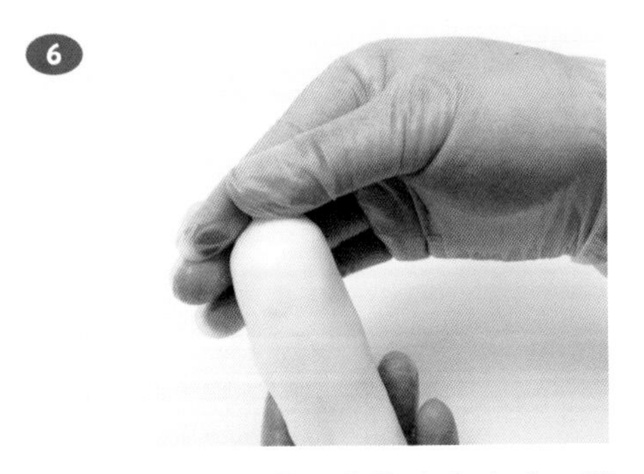

步驟⑤推整後的黏土會集中在上方,所以將上方整理成圓弧形。

7

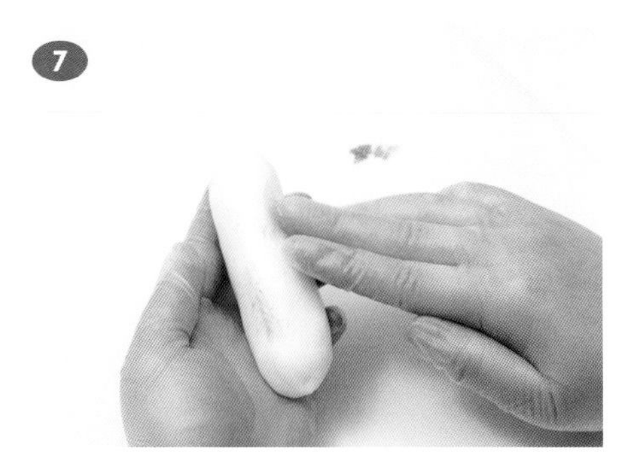

用手指沾取極少量的氧化鐵（黃色），以拍打方式塗在黏土表面上。顏色不要太均勻，有些斑駁更寫實。

8

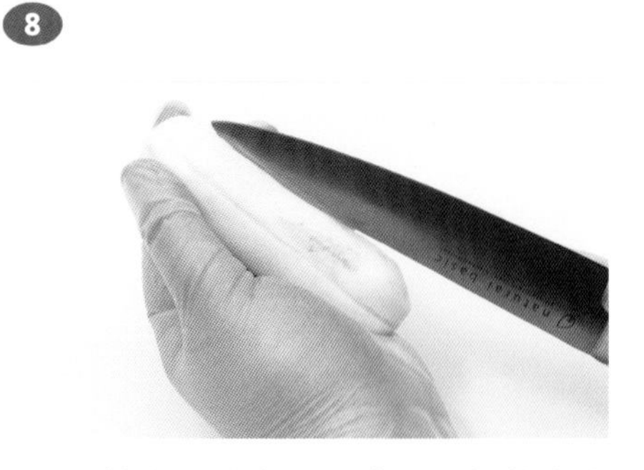

用刀刃劃出幾道直向凹痕。若想劃出比較粗的凹痕，可以改用刀背。小心不要劃傷手。

9

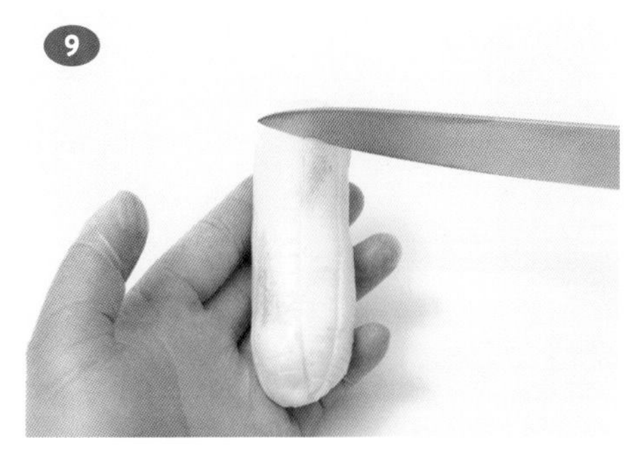

以敲打黏土般，用刀在整塊黏土上劃出短小的橫向凹痕。完成直橫凹痕後，再重複步驟⑦，不均勻上色。

10

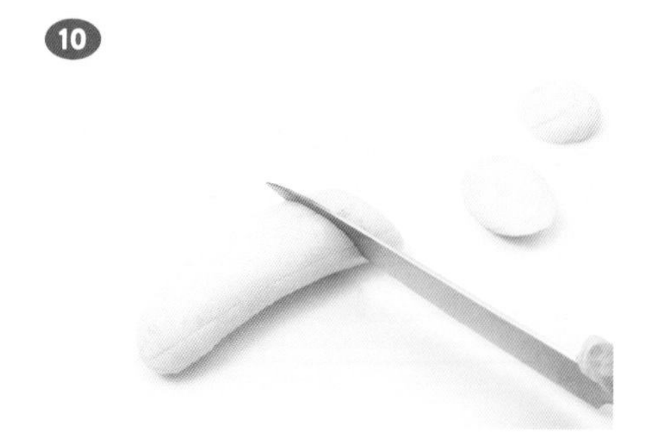

配合裝飾把香蕉切成片狀。沾取氧化鐵（黃色），參照步驟⑦，在裝飾時會露在外面的切面中央上色。

11

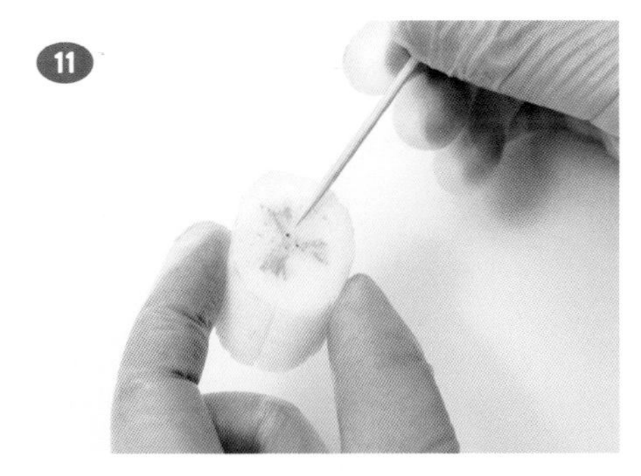

用牙籤尖端沾取氧化鐵（黃色），在切面中央壓出約3個凹痕。

12

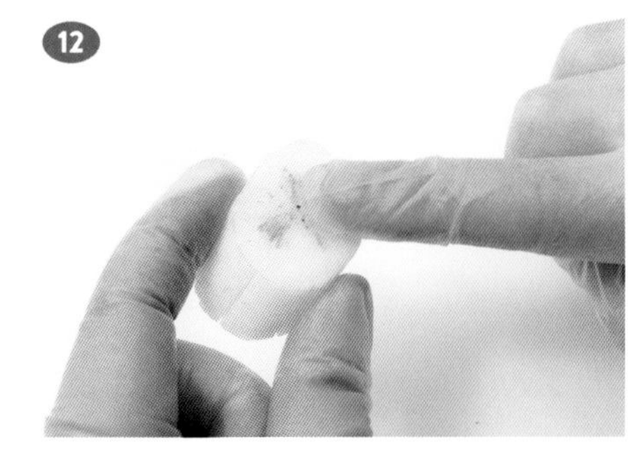

以手指輕壓，使步驟⑪的顏色和凹痕更自然就完成了。

STRAWBERRY

# 草莓

〔材料〕

皂黏土(紅色用)…5克
皂黏土(無染色)…10克
紅色上色材料…適量

〔工具〕

・烘焙紙
・牙籤
・手套
・剪刀

〔步驟〕

1

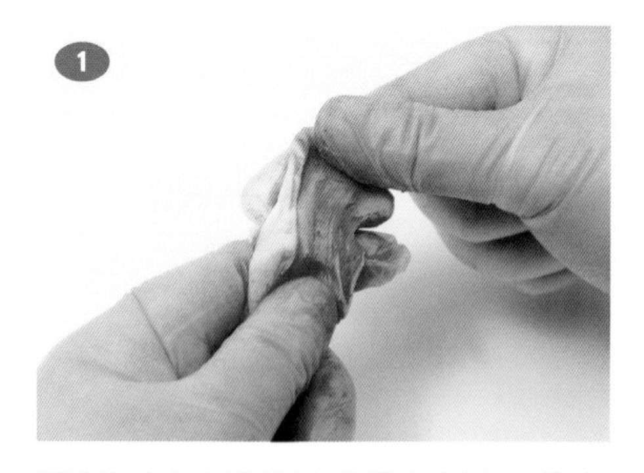

將紅色上色材料混入皂黏土(紅色用)中,捏成扁平的片狀。

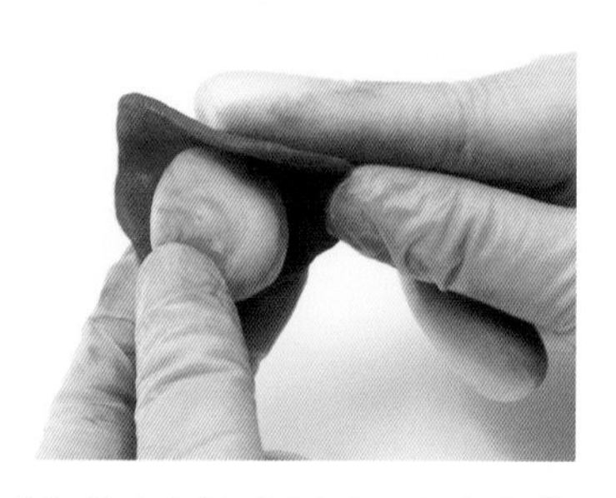

取皂黏土(無染色)揉成圓球,用步驟①包住。

3

用指腹推動紅色黏土以包住整個圓球。適當推揉草莓尾端(較大那一端),使黏土黏合。

放到烘焙紙上,一邊把上緣捏尖,一邊稍微往下壓,做出草莓的形狀。

5

為了做好草莓籽,把牙籤的尖端剪掉。

6

用牙籤頭輕壓草莓表面,在整個草莓上壓出草莓籽。重點在於從草莓尾端(較大那一端)開始,直直地輕壓,並且上下排交錯壓出凹痕。

RASPBERRY

## 藍莓

GOOSEBERRY

## 醋栗

〔材料〕

皂黏土…各適量
透明MP皂基…30克
藍群青粉…適量
竹炭粉…適量
紅色上色材料…適量

〔工具〕

· 料理秤
· 耐熱量杯
· 免洗杯
· 牙籤
· 海綿
· 手套

〔步驟〕

### ❶ 藍莓

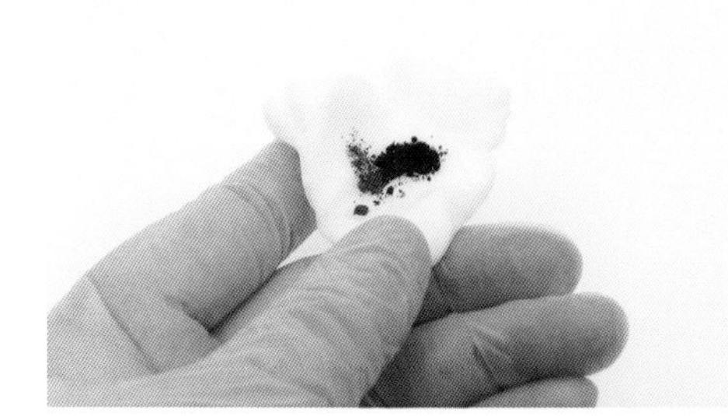

先將藍群青粉、竹炭粉混入基本的皂黏土中。

❷

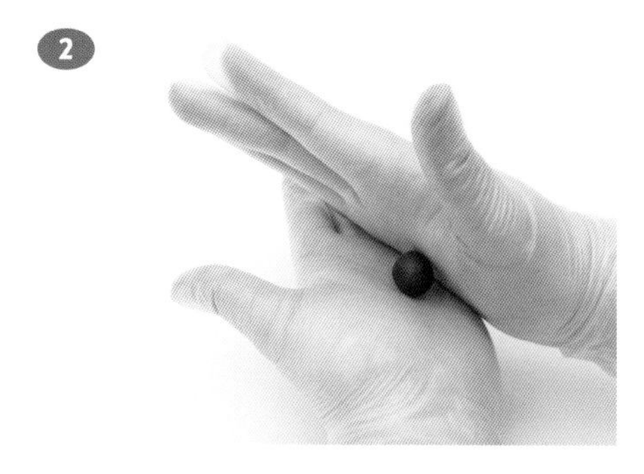

取適量黏土，在掌心揉成藍莓大小的圓球。

❸

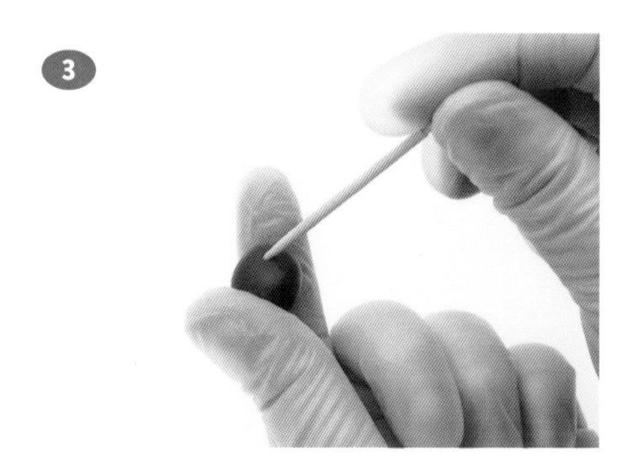

將牙籤刺入藍莓頂端，如挑起黏土般挑起約5個黏土尖，做出藍莓上的凹陷。

### ❶ 醋栗

將紅色上色材料和融化後的透明MP皂基混合，做成紅色的淋面醬。

❷

參照藍莓的步驟①②、 做出醋栗大小的圓球，用牙籤插著，放入步驟①中泡。

❸

將牙籤插在海綿上，等淋面醬凝固後拔出牙籤，拔出的部分可以當成醋栗上的凹陷處。

# SWEETS SOAP RECIPE

## PART 1

# 基本的
# 甜點造型手工皂

- 蛋糕捲
- 巧克力蛋糕
- 抹茶蛋糕
- 草莓千層派
- 蘋果派
- 鬆餅塔
- 生乳酪蛋糕
- 奶油泡芙
- 俄羅斯餅乾
- 杯子蛋糕
- 馬卡龍
- 冰淇淋
- 雞尾酒果凍
- 甜甜圈

ROLL CAKE

# 蛋糕捲

包入大量鮮奶油的蛋糕捲，
是人見人愛的常見甜點。
裝飾上，以白色基本色調的簡約配色為主。

難易度：★☆☆☆☆
製作時間：50分鐘

直徑：7公分
高（含裝飾）：10公分

〔材料〕

白色MP皂液（海綿蛋糕用）…120克
白色MP皂液（鮮奶油用）…120克
氧化鐵（黃色）...適量
裝飾（愛心、醋栗、香草葉）
- 皂黏土…30克
- 紅色上色材料…適量
- 透明MP皂基…適量
- 香草葉…適量
- ※本書使用的是細葉香芹

〔工具〕

- 微波爐
- 料理秤
- 耐熱量杯
- 打蛋器
- 手套
- 擠花袋&花嘴
- 夾鏈袋
- 免洗杯
- 免洗湯匙
- 牙籤
- 烘焙紙
- 方格紙
- 餅乾壓模
- 海綿

〔步驟〕

把微波爐加熱融化的白色MP皂液（鮮奶油用）打發。

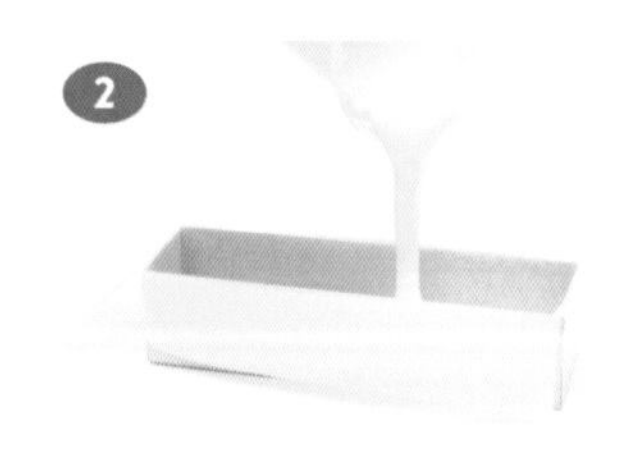

將步驟①倒入模型（約長26×寬6.5×高5公分），等皂液凝固。這時要預留少量皂液。

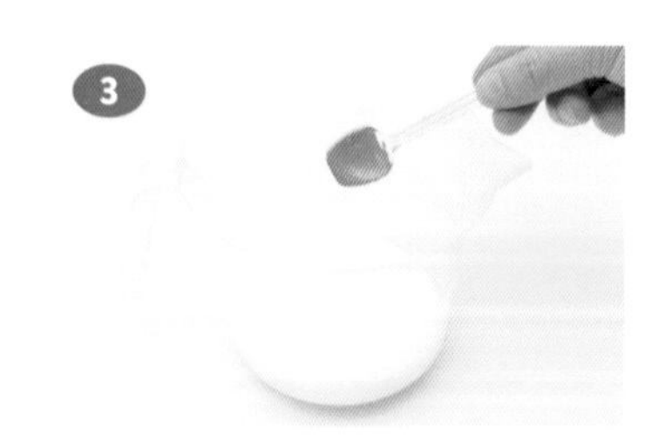

將氧化鐵（黃色）混入微波加熱融化的白色MP皂液（海綿蛋糕用）裡。

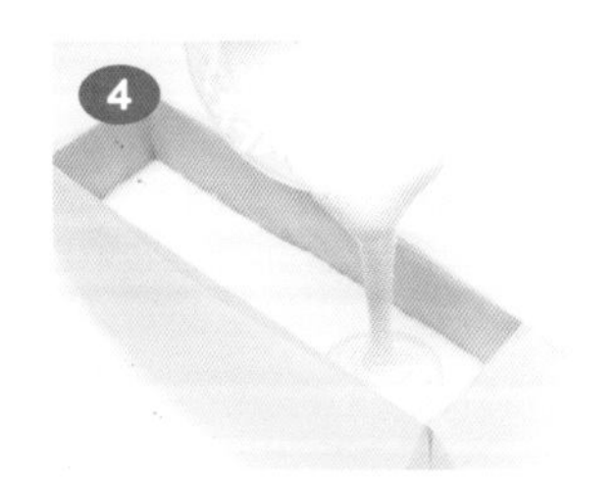

等步驟②表面凝固後倒入步驟③。注意避免皂液放太久變太硬，會很難捲。

等步驟④凝固後上下翻轉脫模，移到烘焙紙上，一邊拉著烘焙紙一邊捲起蛋糕。

小訣竅

把步驟②留下的少量皂液加熱融化，塗在一開始要捲起的蛋糕捲中心，做好的蛋糕捲中間就比較不會出現縫隙。

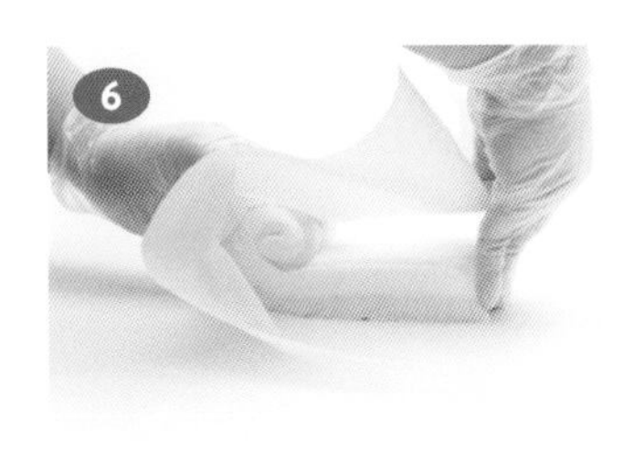


一邊用手調整形狀，一邊捲起蛋糕，避免捲動途中變形。

撕去烘焙紙，保留表面上的粗糙質感。

小訣竅

趁肥皂還很柔軟時，可用手調整蛋糕捲左右的平衡，或是鮮奶油溢出的程度。

蛋糕捲完成了。

接著，要用皂黏土（參照P.43）製作蛋糕上的裝飾。

將紅色的上色材料混入皂黏土中，捏成粉紅色的黏土塊。

等顏色完全混合後，先揉成圓球，再壓成有厚度的片狀。

用自己喜歡的餅乾壓模，壓出裝飾用的皂片。

將步驟②留下的白色MP皂液，打發成較硬的鮮奶油，擠一小團在步驟⑧上。

將步驟⑫、醋栗（參照P.47）、香草葉裝飾在步驟⑬的鮮奶油上面。

大功告成囉！使用時，用刀子切成片狀即可。

CHOCOLATE CAKE

# 巧克力蛋糕

黑巧克力搭配金箔散發出成熟的氣息，
看起來十分豪華，
但製作方法卻非常簡單。

難易度：★★☆☆☆
製作時間：30分鐘

三角形：6×6×9公分
高：5公分

〔材料〕

白色MP皂液（蛋糕用）…120克
白色MP皂液（淋面用）…160克
氧化鐵（棕色）…適量
金雲母粉…適量

〔工具〕

- 微波爐
- 料理秤
- 耐熱量杯
- 砧板
- 刀
- 打蛋器
- 手套
- 免洗杯
- 免洗湯匙
- 竹籤
- 烘焙紙
- 方格紙
- 毛刷
- 紙膠帶

〔步驟〕

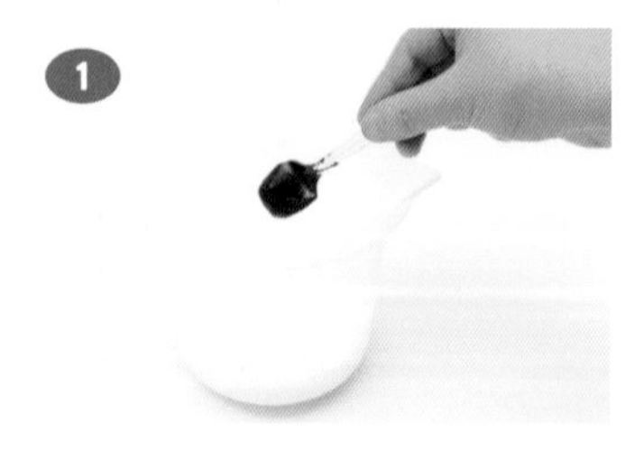

1 將氧化鐵（棕色）加入以微波爐加熱融化的白色MP皂液（蛋糕用），打發。

2 打到皂液變得有些黏稠，倒入模型（約長6×寬6×高6公分）中。

小訣竅
將打發的皂液倒入模型，把模型的底部輕敲桌面數次，可排除裡面的氣泡，使表面平整。

3 放入冷藏15～20分鐘，等皂塊完全凝固後脫模。

4 剝除烘焙紙後皂塊表面會有些粗糙，可稍微切去四邊，讓表面光滑平整。

5 沿著對角線，將步驟④切成兩半。

巧克力蛋糕的基底完成了。

參照P.42，在皂液中加入氧化鐵(棕色)，做出淋面用的巧克力。

讓步驟⑦冷卻至表面出現一層薄膜，去除薄膜，趁完全凝固前，迅速淋到步驟⑥上。

一邊確認側邊有確實淋到，一邊淋滿整個蛋糕基底。

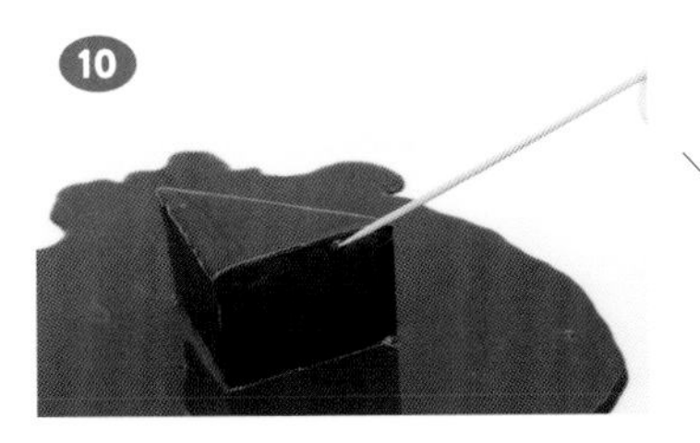

淋面完成後，立刻用竹籤戳破較明顯的氣泡，撫平表面。

小訣竅

淋面完全凝固前不要移動蛋糕。可以旋轉底下的烘焙紙，確認表面凝固狀況。

等表面凝固後，取相同間距，貼上數條紙膠帶。

小訣竅

也可用便利貼取代紙膠帶，但有適度黏性較能確實貼合表面，畫出的線條邊緣也會更俐落美觀。

用毛刷塗上金雲母粉。只塗一次顏色很難塗均勻，最好反覆塗2～3次。

塗完後輕輕撕去紙膠帶。

成品

巧克力蛋糕完成了。使用時，小心顏色染到其他東西上。

MATCHA GREEN TEA CAKE

# 抹茶蛋糕

用金箔裝飾和風蛋糕，能呈現高雅的氛圍。
試著改變蛋糕或鮮奶油的顏色，
便能輕鬆做出不同風格的三色蛋糕。

難易度：★★☆☆☆
製作時間：40分鐘

長：7公分
寬：5公分
高：5公分

〔材料〕

白色MP皂液（巧克力蛋糕用）…60克
白色MP皂液（鮮奶油用）…60克
白色MP皂液（抹茶蛋糕用）…20克
氧化鐵（棕色）…適量
氧化鉻…適量
紅色上色材料…適量
薑黃粉…適量
蛋糕裝飾（紅豆、金箔）
- 皂黏土…30克
- 透明MP皂液…適量
- 氧化鐵（棕色）…適量
- 紅色上色材料…適量
- 金箔…適量

〔工具〕

- 微波爐
- 料理秤
- 耐熱量杯
- 砧板
- 刀
- 打蛋器
- 手套
- 夾鏈袋
- 免洗杯
- 免洗湯匙
- 牙籤
- 烘焙紙
- 方格紙
- 海綿
- 網篩

〔步驟〕

將氧化鐵（棕色）、少量紅色上色材料混入皂黏土中。

參照P.47製作醋栗的重點，做好數十粒紅豆大小的顆粒。

取裝飾用的紅豆浸入融化後的透明MP皂液中，使紅豆表面有光澤。

插在海綿上，晾乾。

準備圓周約50公分（直徑約16公分）的圓形模。

將氧化鐵（棕色）加入以微波爐融化後的白色MP皂液（巧克力蛋糕用）中，打發。

把步驟⑥倒入步驟⑤的圓形模中，等凝固後，把裝飾用以外的紅豆皂粒撒在巧克力蛋糕上。

將加熱融化後的白色MP皂液（鮮奶油用）打發至變得黏稠，從上倒入圓形模中。

氧化鉻加入白色MP皂液（抹茶蛋糕用）後打發，加入些許紅色上色材料，讓綠色更深。

等步驟⑧的表面凝固後，倒入步驟⑨。凝固後將邊緣整成漂亮的圓形，脫模。

小訣竅

把蛋糕立起，側邊在桌上滾動，就能整理成漂亮的圓形。

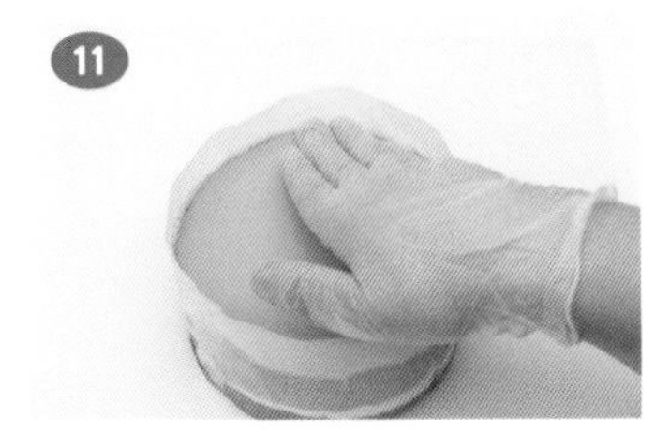


撕去烘焙紙前，用手指壓平表面邊緣。

保留烘焙紙，用網篩在表面撒上氧化鉻、薑黃粉，當作抹茶粉。

慢慢撕除烘焙紙，避免將蛋糕體一起撕下。

將步驟⑬切成6等分或8等分，確保切口能清楚看見鮮奶油中的紅豆。

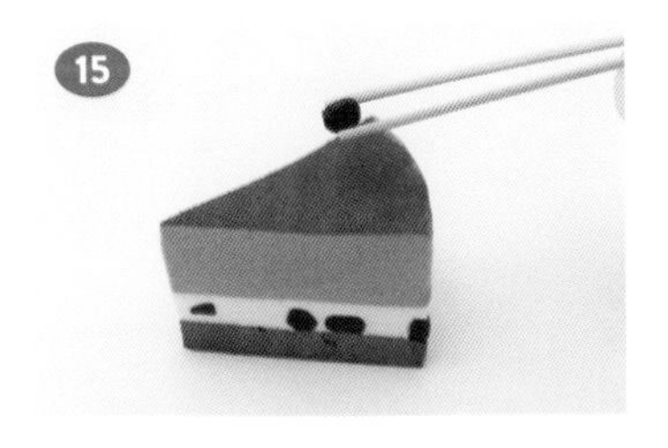


把2個裝飾用的紅豆放在上面。

加上些許金箔裝飾，讓蛋糕顯得更高雅。

成品

抹茶蛋糕完成了。包含紅豆在內，整塊都能當成肥皂使用。

STRAWBERRY MILLEFEUILLE

# 草莓千層派

受歡迎的法式千層派讓草莓更顯得誘人。
將整體造型刻意做得些微不工整，
不僅能呈現手作感，還能讓成品更可愛。

難易度：★★★☆☆
製作時間：60分鐘

長：8公分
寬：5公分
高（含裝飾）：8.5公分

〔材料〕

白色MP皂液（派皮用）…75克
白色MP皂液（奶油霜用）…60克
氧化鐵（黃色）…適量
薑黃粉…適量
粉紅石泥粉…適量
可可粉…適量
蛋糕裝飾（草莓、藍莓）
- 皂黏土…100克
- 紅色上色材料…適量
- 二氧化鈦…適量
- 藍群青…適量
- 竹炭粉…適量

〔工具〕

- 微波爐
- 料理秤
- 耐熱量杯
- 砧板
- 刀
- 打蛋器
- 手套
- 夾鏈袋
- 免洗杯
- 免洗湯匙
- 牙籤
- 烘焙紙
- 方格紙
- 海綿
- 網篩

〔步驟〕

1 參照P.46，用皂黏土做出5個草莓，將其中4個對半切開。

2 將氧化鐵（黃色）混入用微波爐加熱融化的白色MP皂液（派皮用）中，打發。

3 充分打發至皂液變得黏稠。

4 將步驟③倒入模型（長13×寬6×高5公分）中，放置冷卻。

5 等皂液凝固後，從模型中取出，切成3等分。

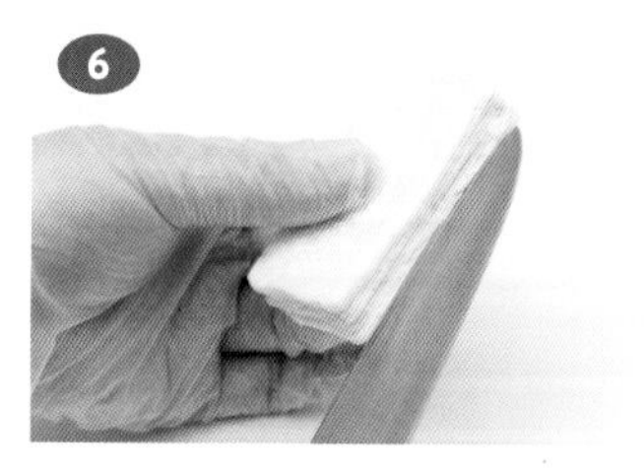

6 用刀輕敲步驟⑤切成3等分的皂塊側邊，做出千層派皮的質感。

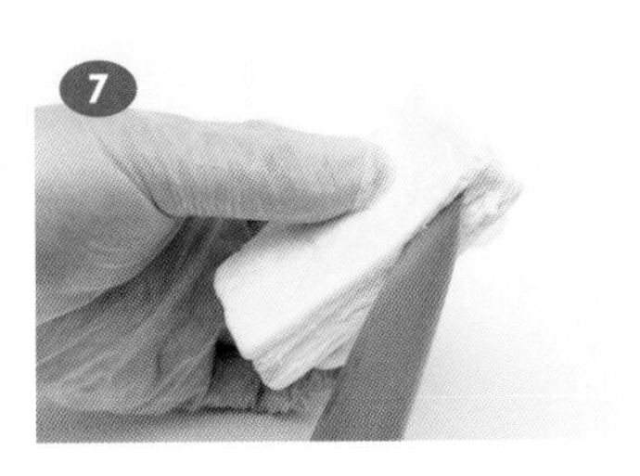


刀尖沾上可可粉，隨意挑幾個位置劃出比較深的刀痕。

參照P.40，準備好4種上色材料，用海綿沾取，輕拍皂塊，使添加如烘烤過的派皮的金黃色澤。

取將少許氧化鐵(黃色)混入用微波爐加熱融化的白色MP皂液(奶油霜用)中，打發。

打至皂液變得柔滑黏稠，做出卡士達奶油霜，取適量塗到派皮上。

將草莓切面朝下放到步驟⑩上，並在草莓上塗些許奶油霜。

在步驟⑪上再放一塊派皮，和步驟⑩一樣再塗適量奶油霜。

依照草莓→些許卡士達奶油霜的順序，放到塗有奶油霜的派皮上。

排放最上層的派皮。

塗上少許裝飾用奶油霜，放上草莓和藍莓(參照P.47)。

用網篩撒上二氧化鈦，當作撒在表面的糖粉。

成品

草莓千層派完成了。可以將派皮、奶油霜、水果分別當作肥皂使用。

APPLE PIE

# 蘋果派

**使用了豐量的派皮，**
**派中填滿如同蘋果內餡般的肥皂，**
**分量十足，完全不輸給真正的蘋果派。**

難易度：★★★★☆
製作時間：80分鐘

直徑：14公分
高：5.5公分

〔材料〕

白色MP皂液（上方派皮用）…200克
白色MP皂液（底座用）…100克
氧化鐵（黃色）…適量
薑黃粉…適量
粉紅石泥粉…適量
可可粉…適量
蘋果內餡
- 透明MP皂液…150克
- 白色MP皂液…少許（派皮用剩的量）
- 薑黃粉…適量

〔工具〕

- 微波爐
- 料理秤
- 耐熱量杯
- 砧板
- 刀
- 打蛋器
- 手套
- 免洗杯
- 免洗湯匙
- 烘焙紙
- 方格紙
- 海綿
- 鐵盆（鐵盤）

〔步驟〕

製作蘋果派的內餡。將適量薑黃粉混入100克的透明MP皂液中，拌勻。

將少許白色MP皂液混入步驟①中，用白色顆粒表現肉桂粉的質感。

在剩下的50克透明MP皂液中加入較多的薑黃粉，做成顏色比步驟②深的皂液。兩杯都放至凝固。

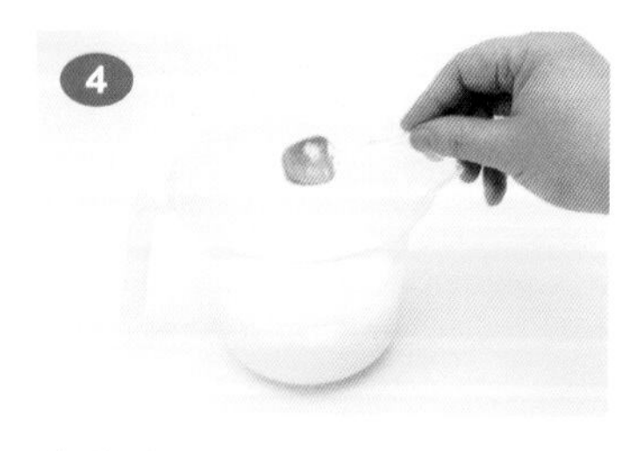

接著將氧化鐵（黃色）、薑黃粉混入300克的白色MP皂液裡，參照P.40製作派皮。

充分打發到皂液變得黏稠。

備好2個圓周約50公分（直徑約16公分）的紙模，把步驟⑤分成200克和100克（底座用），分別倒入模型中，等派皮凝固。

200克派皮凝固後脫模，從中間挖1個直徑約10公分的圓。

**小訣竅**

放1張直徑10公分的烘焙紙在派皮上，沿著烘焙紙的邊緣切，即可切好漂亮的圓。

挖下來的部分再加熱融化，稍微打發後倒入烘焙紙模（約長20×寬20×高2公分）中。

等步驟⑧凝固後，用刀子朝同一個方向，劃出上下排交錯的刀痕。

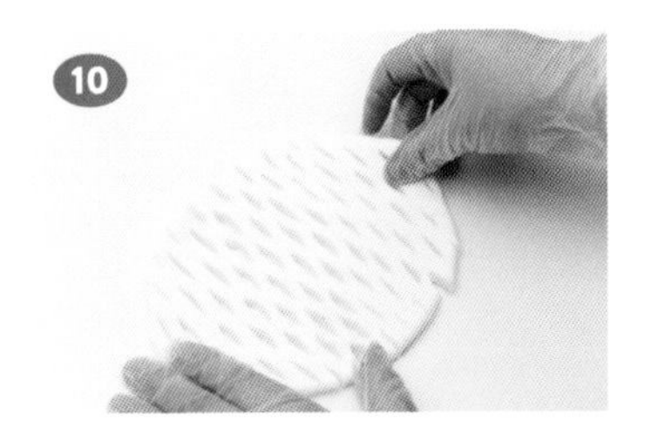


整片劃完後，輕輕往兩邊拉開，做成蘋果派上層的編織派皮。

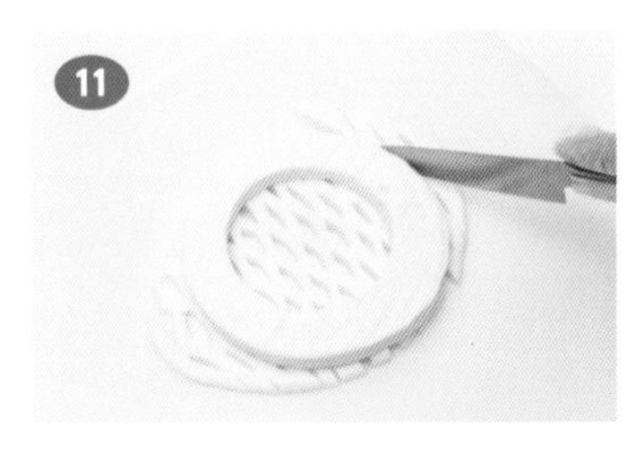


把步驟⑦甜甜圈形派皮放到步驟⑩的派皮上，沿著邊緣切去多餘的部分。

參照P.40，準備4種上色材料，用海綿輕拍上色，讓派皮染上烘烤過的色澤。

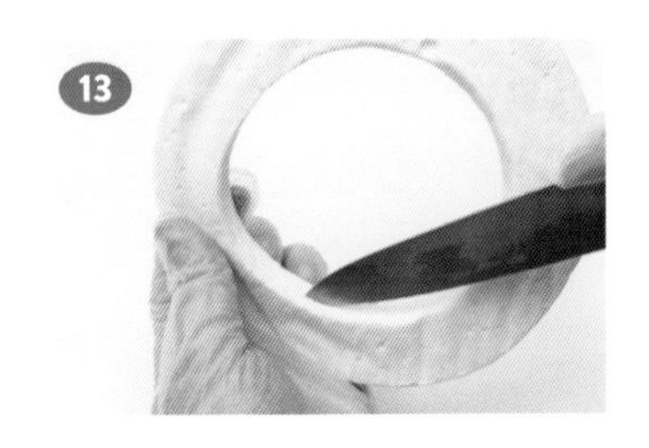


甜甜圈形派皮的內外側邊都用刀劃出千層派皮的質感，派皮完成了。

繼續製作蘋果派內餡。等步驟③凝固到用手指壓會稍微變形後，從免洗杯中取出。

切除底部等不夠透明的部分。切下來的部分保留備用。

隨意將具透明感的部分切成扇形塊狀。

用手指適度揉捏各個塊狀，做成蘋果派內餡。

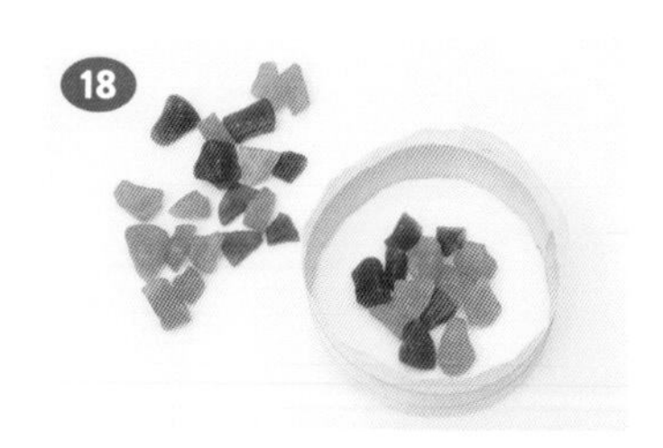

把做好的蘋果派內餡放在步驟⑥的底座派皮中間，周圍留下一些空間。

把步驟⑮留下的部分用微波爐加熱融化，取一半量淋到蘋果派內餡上。

把步驟⑪切下的多餘派皮加熱融化，倒到內餡和紙模之間的空隙中，等皂液凝固。並留一些皂液備用。

製作蘋果派的材料全部都準備好了。

把步驟⑳留下的皂液，稍微塗在內餡的周遭，擺上步驟⑫。

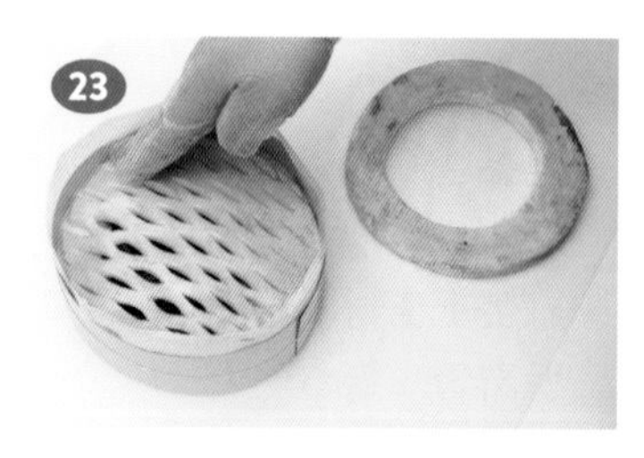

用手指輕壓，等派皮確實黏合後，把派皮脫模。

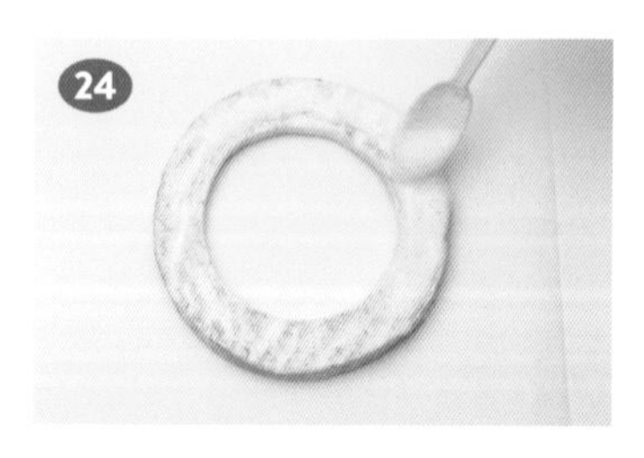

把步驟⑳留下的皂液，塗在甜甜圈形派皮的背面。

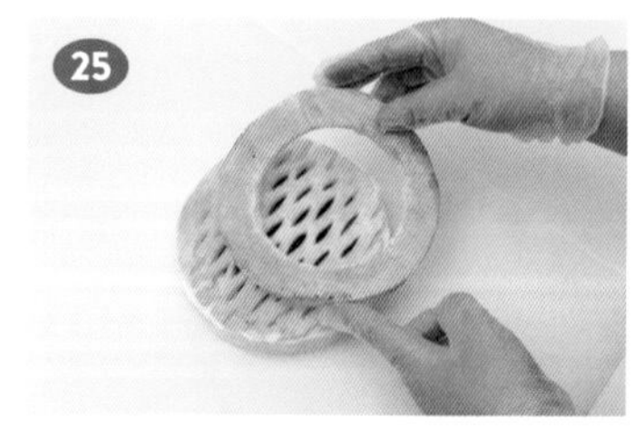

把步驟㉔確實固定到步驟㉓上面。

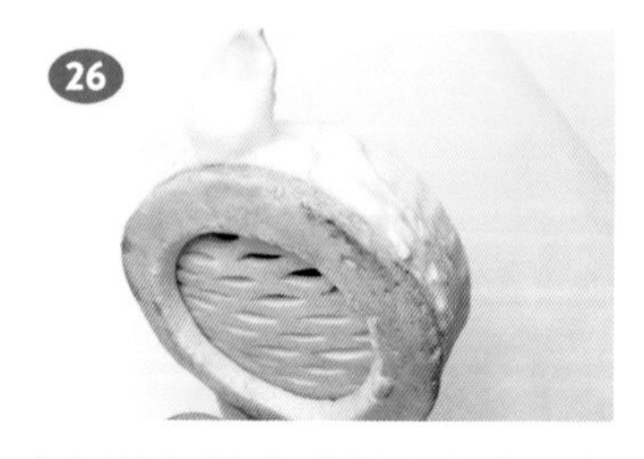

在派的側邊也稍微塗上步驟⑳留下的皂液，等凝固後用刀輕敲，做出千層派皮的質感。

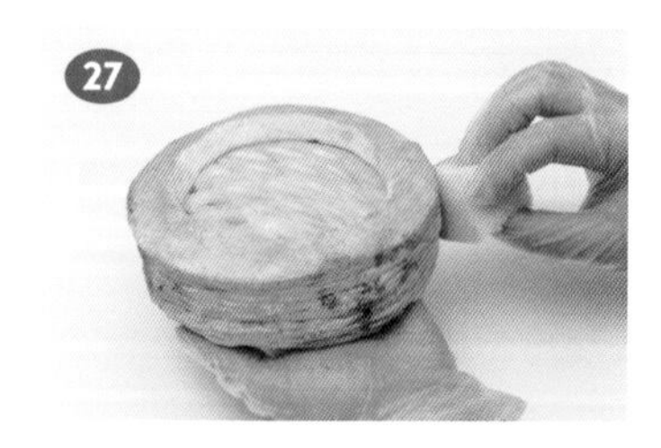

參照P.40，用海綿沾取4種上色材料輕拍側邊，使派皮增添烘烤過的色澤。

將步驟⑲剩下的一半量以微波爐加熱融化，塗在派的表面上，更添光澤。

成品

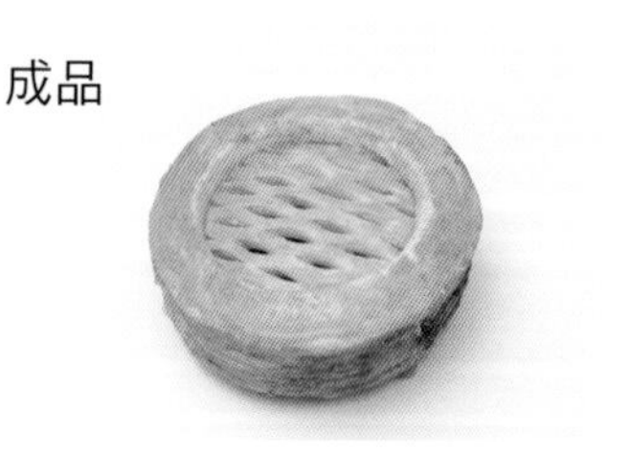

蘋果派完成。一次切下一部分來使用吧！

PANCAKE TOWER

# 鬆餅塔

我試著重現了甜點控們
都無法抵擋魅力的鬆餅塔。
大膽地淋上蜂蜜是製作時的重點。

難易度：★★★★☆
製作時間：90分鐘

直徑：9公分
高（含裝飾）：8公分

〔材料〕

白色MP皂液…150克
氧化鐵（黃色）…適量
薑黃粉…適量
粉紅石泥粉…適量
可可粉…適量
鬆餅裝飾（香蕉、草莓、藍莓、堅果碎片、蜂蜜）
- 皂黏土…50克
- 氧化鐵（黃色）…適量
- 紅色上色材料…適量
- 藍群青…適量
- 竹炭粉…適量
- 透明MP皂液…30克
- 皂基…適量

〔工具〕

- 微波爐
- 料理秤
- 耐熱量杯
- 砧板
- 刀
- 打蛋器
- 手套
- 擠花袋&花嘴
- 夾鏈袋
- 免洗杯
- 免洗湯匙
- 竹籤、牙籤
- 烘焙紙
- 保鮮膜
- 擀麵棍
- 海綿

〔步驟〕

在烘焙紙上畫好12個直徑約8公分的圓。

將氧化鐵（黃色）混入用微波爐加熱融化的白色MP皂液，打發。

輕輕打發至皂液略微黏稠。

將步驟③打好的皂液倒在步驟①的圓圈中心，分量以不會超出圓圈的程度。

倒完所有的圓圈後，然後鋪上烘焙紙。

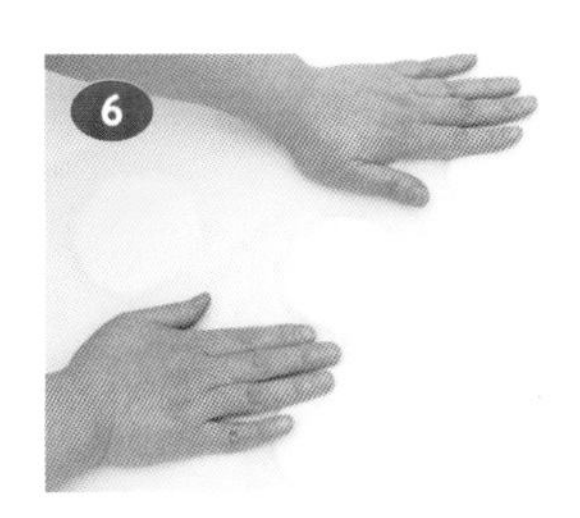

用手輕壓，放置一段時間等皂液凝固。

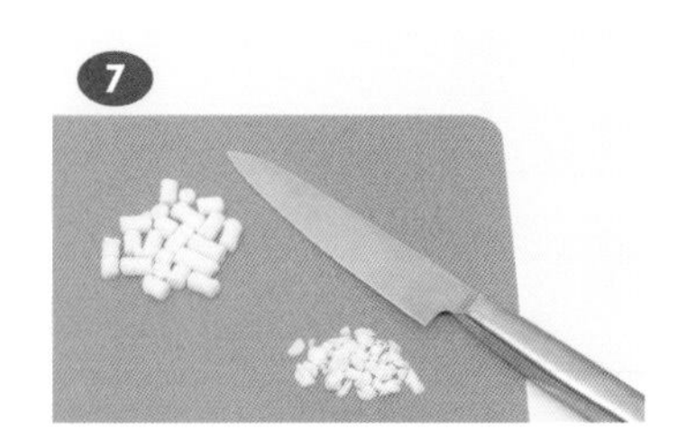

將皂基切成堅果碎片的大小。

把步驟⑦放入免洗杯中，滴入1～2滴用水溶化的氧化鐵（黃色）。

稍微攪拌混合。不均勻地染上顏色，可以呈現出最棒的效果。

堅果碎片完成了。

等步驟⑥的皂液凝固後，輕輕撕下上面的烘焙紙。

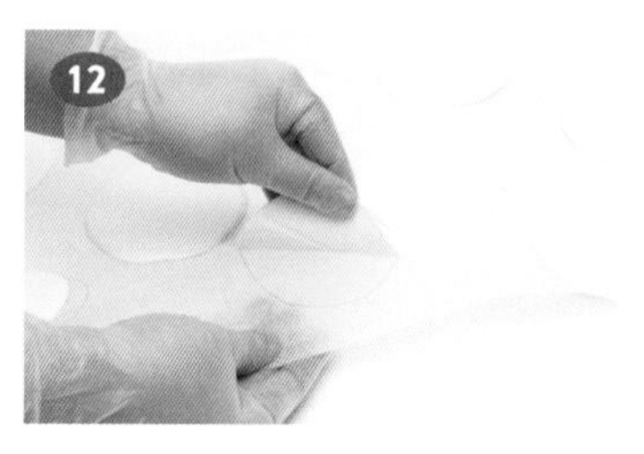

慢慢把皂液做成的鬆餅皮一片一片撕下來。

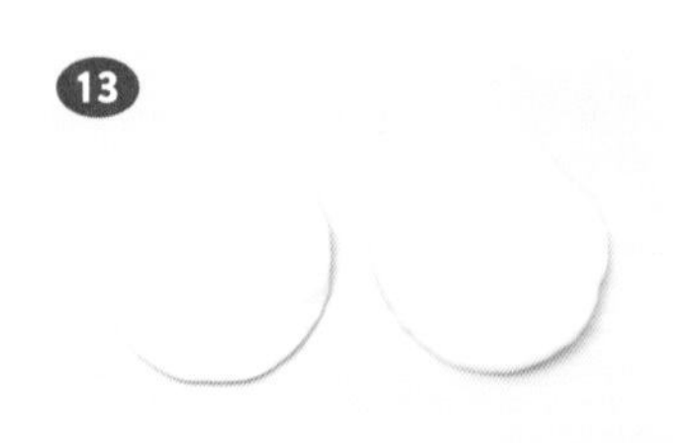

如果鬆餅皮的形狀大小差很多，可以用手稍微調整。

參照P.40，準備4種上色材料，用海綿拍打上色，使鬆餅皮呈現煎烤後的金黃色澤。

小訣竅

將表面狀況最好或最小的一片當成要放在最上面的一片，將朝上的那一面整面上色。

除了最上面的那一片，其他鬆餅皮只要在重疊後會露出的邊緣上色。

**16**

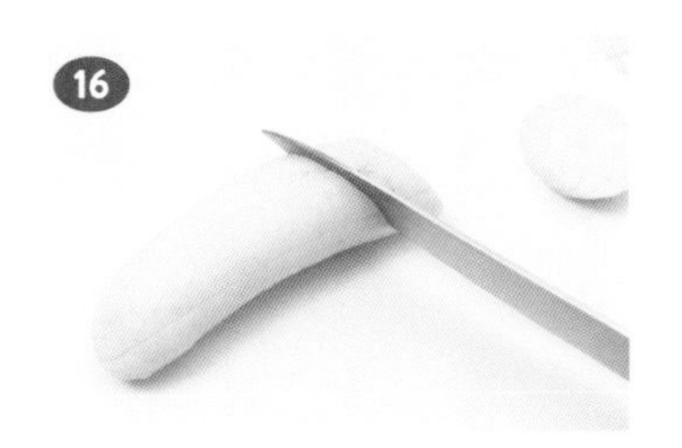

參照P.44做好香蕉，依個人喜好切下適量，在香蕉片中間上色。

**17**

用香蕉片裝飾在12片疊好的鬆餅上。

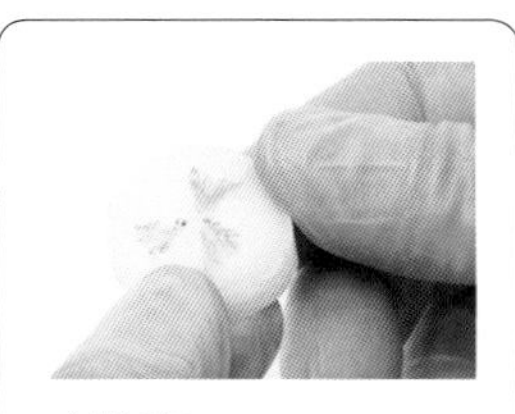

小訣竅

把香蕉片配合鬆餅的形狀略彎成弧形，整體視覺效果更好。

**18**

把較小的鬆餅放在最上面，整體平衡感會更棒。

**19**

取一小撮薑黃粉，加入用微波爐加熱融化的透明MP皂液中。

**20**

趁皂液還沒冷卻盡快攪拌混合，做成蜂蜜。

**21**

將適量步驟⑳淋到鬆餅塔上，讓蜂蜜從鬆餅塔的側邊流下。

小訣竅

先把蜂蜜往中間淋下，一邊觀察側邊流下的狀況，一邊淋滿整個鬆餅塔。

**22**

在蜂蜜凝固前，參照P.46做好草莓，裝飾鬆餅塔。

**23**

接著參照P.47做好藍莓，裝飾鬆餅塔。

**24**

在上面撒些步驟⑩的堅果碎片就完成了。

成品

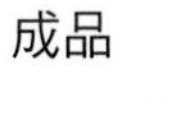

鬆餅塔完成。連蜂蜜在內，全都能當成肥皂使用。

RARE CHEESE CAKE

# 生乳酪蛋糕

撒上了糖粉的雪白生乳酪蛋糕，
那特別醒目的白和薄荷的清爽香氣，
散發出一股清涼的氣息。

難易度：★☆☆☆☆
製作時間：30分鐘

長：7公分
寬：4.5公分
高：5公分

〔材料〕

皂基…30克
白色MP皂液（蛋糕基底用）…15克
白色MP皂液（生乳酪用）…40克
氧化鐵（黃色）…適量
玉米粉…適量
蛋糕裝飾（藍莓、香草葉）
- 皂黏土…適量
- 藍群青粉…適量
- 竹炭粉…適量
- 薄荷葉…適量

〔工具〕

- 微波爐
- 料理秤
- 耐熱量杯
- 刀
- 打蛋器
- 手套
- 免洗杯
- 免洗湯匙
- 烘焙紙
- 慕斯圈：直徑6公分的圓形
- 毛刷

〔步驟〕

1

用手慢慢壓慕斯圈，直到慕斯圈變成橢圓形。

2

將慕斯圈放在烘焙紙上，沿著內側割下烘焙紙，當作底紙。

3
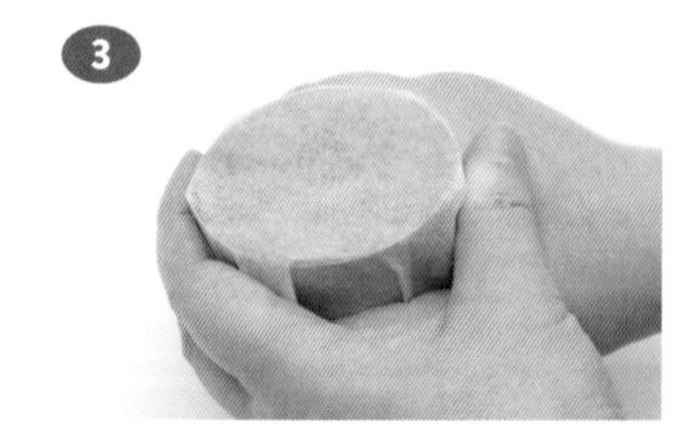
剪一塊可以包住整個慕斯圈的烘焙紙，拿來當作托盤。

4

把慕斯圈放在步驟③上，再把步驟②放入慕斯圈中。

5

先在切成碎末的皂基中，加入1～2滴氧化鐵（黃色）水溶液。

6

充分攪拌混合。

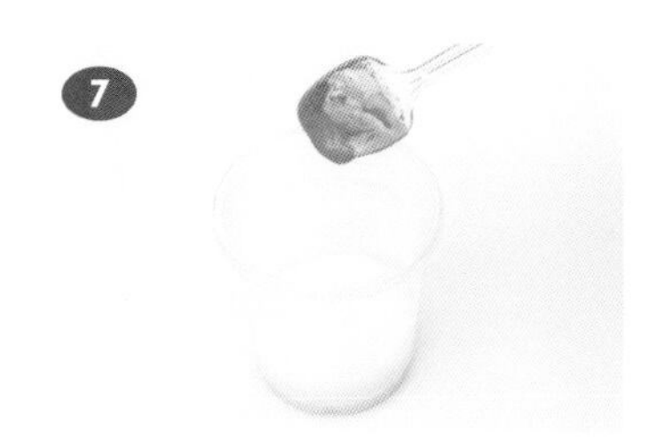

7 在融化的白色MP皂液(蛋糕基底用)中，加入1～2滴氧化鐵(黃色)水溶液。

8 把步驟⑦分次倒入步驟⑥中，慢慢和蛋糕基底拌濕。

9 撈起步驟⑧上方較粗的顆粒，放入慕斯圈中。

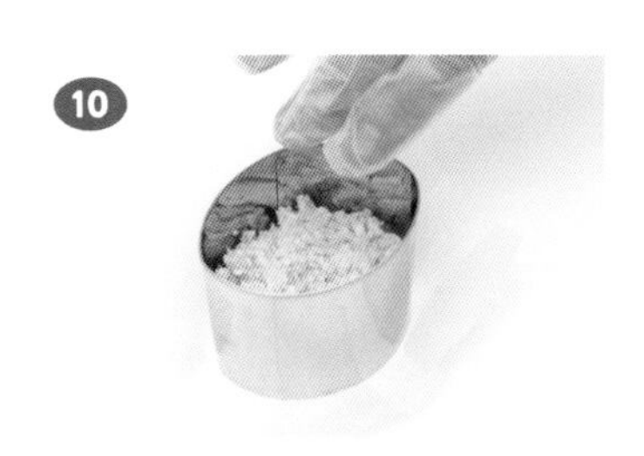

10 用手指壓緊蛋糕基底。

11 填壓至約慕斯圈大約三分之一的高度。

12 將融化的白色MP皂液(生乳酪用)稍微打發，倒入步驟⑪。

13 一直倒至快要溢出的程度，放置等待皂液凝固。

14 步驟⑬凝固後，用手指從底部往上推出一些，然後切掉推出的部分。

15 手指繼續從底部慢慢把整個蛋糕推出模具。

16 取出蛋糕，在上面刷上玉米粉，參照P.47做好藍莓，連同薄荷葉一起裝飾。

小訣竅

選擇枝葉前端葉片成對、形狀漂亮的薄荷葉做裝飾。

成品

生乳酪蛋糕完成。使用時，可以體驗到皂基的觸感。

CREAM PUFF

# 奶油泡芙

擠入滿滿的卡士達奶油霜和打發鮮奶油，
真是奢侈的奶油泡芙啊！
大小和形狀都很適合當作肥皂使用。

難易度：★★★☆☆
製作時間：40分鐘

直徑：7公分
高：7.5公分

〔材料〕

白色MP皂液（泡芙用）…80克
白色MP皂液（卡士達奶油霜用）…40克
氧化鐵（黃色）…適量
薑黃粉…適量
粉紅石泥粉…適量
可可粉…適量
打發鮮奶油
- 白色MP皂基…18克
- 液態皂…18克
- 玉米粉…30克

泡芙裝飾（堅果碎片、糖粉）
- 皂基…適量
- 二氧化鈦…適量
- 氧化鐵（黃色）…適量

〔工具〕

- 微波爐
- 料理秤
- 耐熱量杯
- 刀
- 打蛋器
- 手套
- 擠花袋&花嘴
- 免洗杯
- 免洗湯匙
- 網篩
- 手提電動攪拌器
- 海綿

〔步驟〕

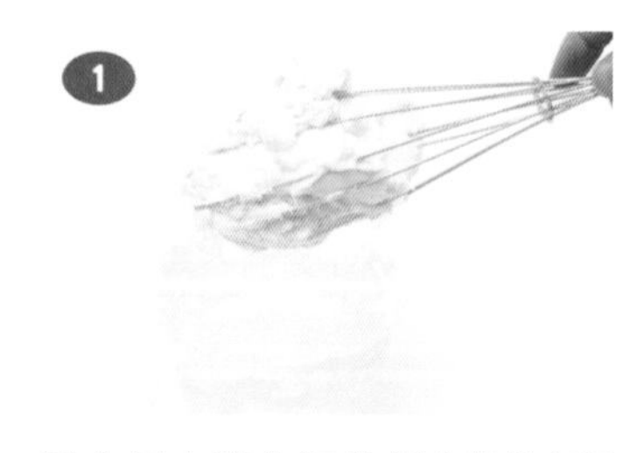

❶ 用少量水溶化氧化鐵（黃色）和薑黃粉，滴0.5滴到白色MP皂液（泡芙用），充分打發至皂液變得扎實。

❷ 將步驟①分成3塊，並且留下約20～30克備用。

小訣竅
將皂塊分成大、中、小塊，分別大略揉成圓球。

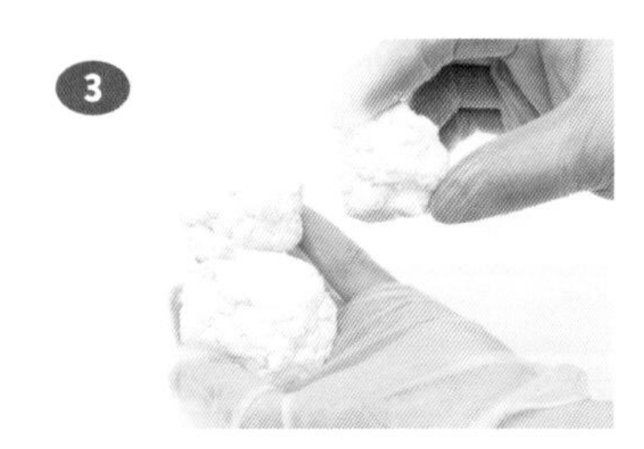

❸ 將3塊從橫向側邊接合。不要過分揉捏，合成一個凹凸不平的球形。

❹ 把步驟②留下的皂塊融化，加入1滴用水溶解的粉紅石泥粉，稍微打發，把步驟③泡入其中，小心不要燙傷了。

小訣竅
用手掌心轉動皂塊，可讓整個皂塊均勻沾上皂液。

5 將皂塊放在烘焙紙上，等表面的皂液凝固。

6 參照P.40，準備4種上色材料，用海綿拍打上色，讓泡芙呈現烘烤過的色澤。

**小訣竅**

上方顏色稍重，泡芙裂痕（皂塊連接處）幾乎不上色，可讓泡芙更逼真。

7 從側邊將泡芙橫切成兩半。

8 切面邊緣露出來的地方，再拍上4種上色材料（參照P.40），呈現烘烤過的色澤。

9 將白色MP皂液（卡士達奶油霜用）加熱融化，混入少許氧化鐵（黃色），打發至快要變硬（扎實），淋在泡芙上。

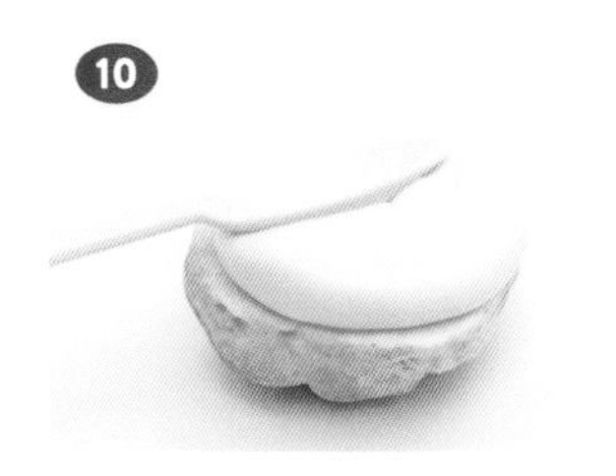

10 用湯匙將奶油霜稍微往前推一些，營造出蓬鬆感。

11 參照P.41製作打發鮮奶油，用花嘴一圈一圈擠出一團較厚的鮮奶油。

12 朝步驟⑩推出去的方向，斜斜放上泡芙上蓋。

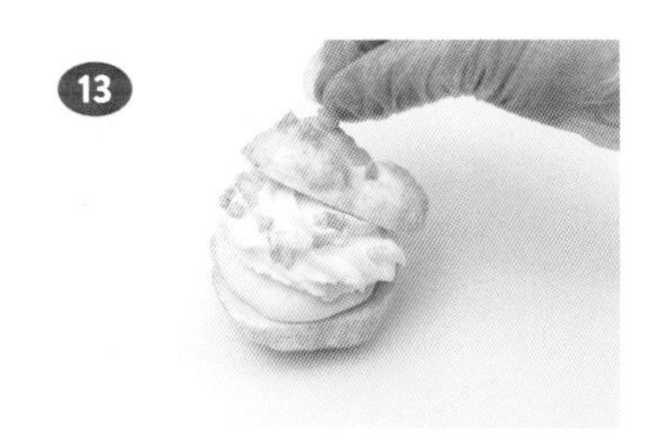

13 參照P.62做好堅果碎片後撒上。

14 將二氧化鈦當作糖粉，用網篩撒在泡芙上。

## 成品

奶油泡芙完成。一手可以掌握，讓人想要整個拿起來使用。

RUSSIAN COOKIES

# 俄羅斯餅乾

優美光澤、彈力十足的果醬是俄羅斯餅乾的賣點。
只要改變果醬的顏色，
就能夠做出五顏六色的餅乾。

難易度：★☆☆☆☆
製作時間：20分鐘

直徑：4公分
高：1公分

〔材料〕5～6個

皂黏土…100克
氧化鐵（黃色）…0.1克
白色MP皂液…35克
液態皂…35克
玉米粉…60克
果醬
透明MP皂液…30克
紅色上色材料…適量

〔工具〕

・微波爐
・料理秤
・耐熱量杯
・打蛋器
・手套
・擠花袋&花嘴
・夾鏈袋
・免洗杯
・免洗湯匙
・牙籤
・烘焙紙
・手提電動攪拌器

〔步驟〕

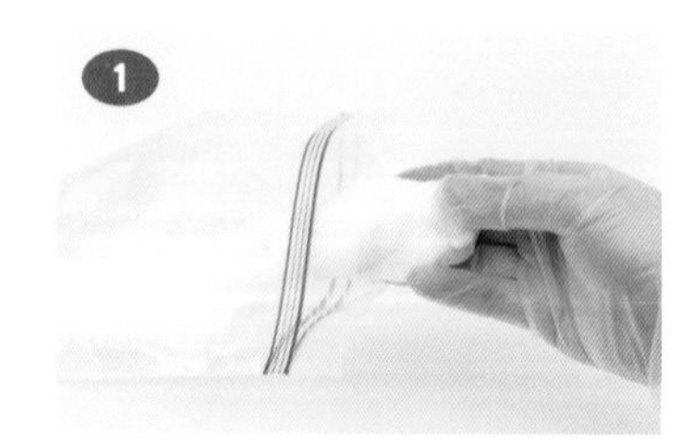

① 參照P.43，用皂黏土製作餅乾的基底。

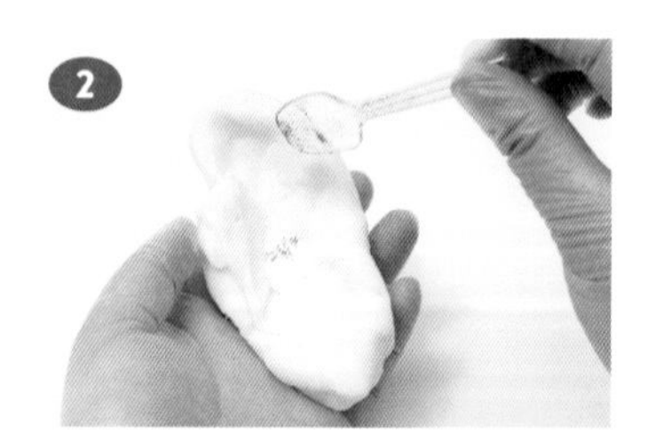

② 將氧化鐵（黃色）加入步驟①中揉捏混合。

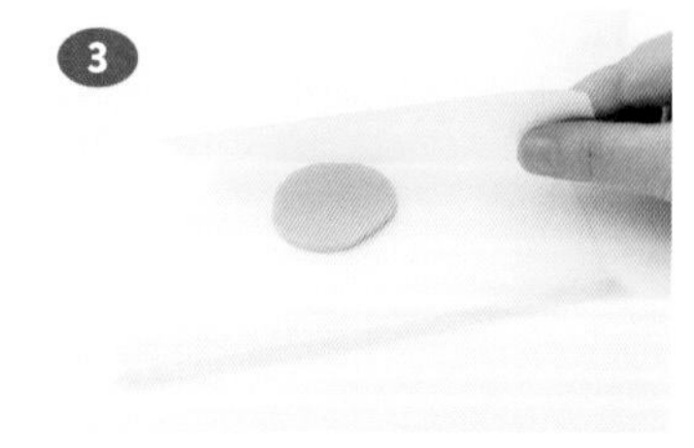

③ 將皂黏土揉成大小適中的圓球，再用手掌心壓成圓片狀。

小訣竅
將黏土球夾在烘焙紙中操作，比較容易壓出平坦的圓形。

④ 將液態皂、玉米粉混入加熱融化後的白色MP皂液中，加入氧化鐵（黃色），打發。

⑤ 充分打發，調整皂液的黏稠度。使用手提電動攪拌器操作比較輕鬆。

## 源自日本的俄羅斯餅乾

COLUMN

大家所熟知的俄羅斯餅乾，是中間填入果醬、奶油霜或是巧克力等的餅乾。真正的俄羅斯餅乾會先烤好基底餅乾，在上面擠上餅乾麵糊或蛋白霜、馬卡龍等材料後再烤一次，最後在餅乾中間凹陷處填入果醬等餡料，做起來有些費工。這種餅乾雖然被稱作俄羅斯餅乾，但就算跟俄羅斯人說，他們也不知道。因為這並不是俄羅斯的傳統點心。那麼，又為什麼叫作俄羅斯餅乾呢？這是因為在昭和初期，受俄羅斯皇帝雇用的點心師傅來到日本，把俄羅斯餅乾起源的做法教給知名點心店的甜點師。因此冠上「俄羅斯」之名。按照一開始的食譜做出的餅乾很硬，後來就調整成方便日本人食用的柔軟餅乾，也多了很多種裝飾方式，最後演變成了現在的模樣。

6 將打至變硬（扎實）的步驟⑤放入擠花袋中，沿著步驟③的邊緣擠上。

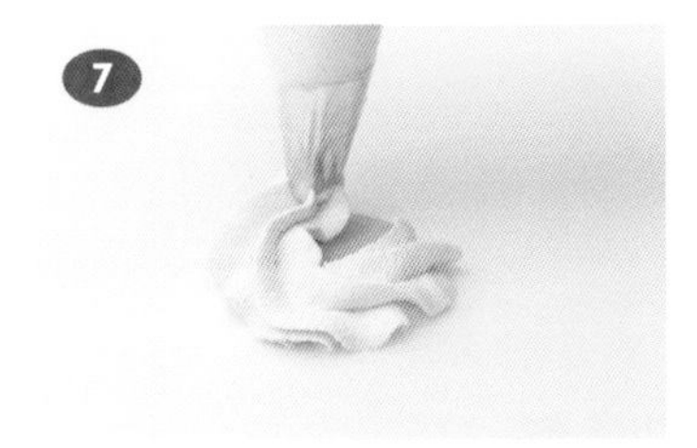

7 手不能停且施力均一，以稍微超出邊緣的分量，一口氣擠完一圈。

8 用水溶解紅色上色材料，混入加熱融化的透明MP皂液中，做成果醬。

9 將果醬倒入步驟⑦的正中央。皂液冷卻後不易倒出，所以動作要快。

**小訣竅**

若是在紅色中加入薑黃粉，就成了草莓或杏桃醬。也可以用藍群青粉和竹炭粉做成藍莓果醬。

### 成品

俄羅斯餅乾完成。將每片餅乾當作一次性肥皂使用吧！

CUPCAKES

# 杯子蛋糕

可以享受蛋糕和奶油霜的各種顏色搭配。
只要使用糖霜餅乾用的食用色膏，
就能完成色彩鮮豔，可愛又受歡迎的杯子蛋糕了。

難易度：★☆☆☆☆
製作時間：40分鐘

直徑：5.5公分
高：10.5公分

〔材料〕3個

白色MP皂液（蛋糕用）…120克
純水（或白開水）…30克
氧化鐵（黃色）…適量
氧化鐵（棕色）…適量
氫氧化鉻…適量
紅色食用色膏…適量
藍色食用色膏…適量
粉紅色食用色膏…適量

＊可以大量使用糖霜餅乾用的食用色膏，將紅、藍、粉紅色膏以不同比例，調配出自己喜歡的粉紅色。

打發鮮奶油
- 白色MP皂基…35克
- 液態皂…35克
- 玉米粉…60克

蛋糕裝飾
（藍莓、堅果碎片、彩色糖粒）
- 皂黏土…適量
- 藍群青粉…適量
- 竹炭粉…適量
- 皂基…適量
- 氧化鐵（黃色）…適量
- 彩色糖粒…適量

〔工具〕
- 微波爐
- 料理秤
- 耐熱量杯
- 打蛋器
- 手套
- 擠花袋&花嘴
- 夾鏈袋
- 免洗杯
- 免洗湯匙
- 牙籤
- 杯子蛋糕紙模

〔步驟〕

① 把杯子蛋糕紙模放入紙杯中。準備3組。

② 將氧化鐵（黃色）混入充分打發的白色MP皂液（蛋糕用），在步驟①的其中2個紙杯分別倒入40克皂液，做成原味蛋糕。

③ 將氧化鐵（棕色）混入步驟②剩下的皂液，倒入最後1個紙杯。倒入比杯子蛋糕紙模高出一些，能表現蛋糕的蓬鬆感。

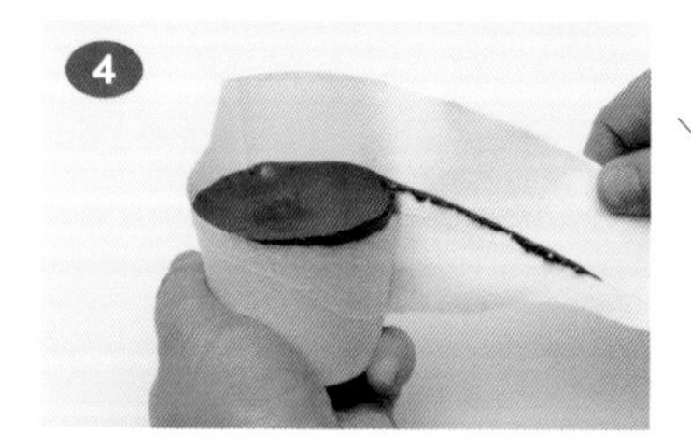

④ 等蛋糕確實凝固後，撕去外層的紙杯。

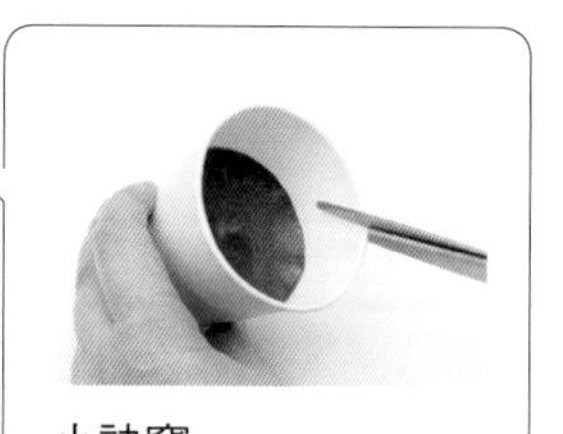

小訣竅
用剪刀剪開一道缺口，就能輕鬆撕去紙杯。

⑤ 輕壓蛋糕邊緣，使變得較為圓潤，杯子蛋糕的基底完成。不用太在意表面，之後會被鮮奶油遮住。

## • 薄荷鮮奶油杯子蛋糕

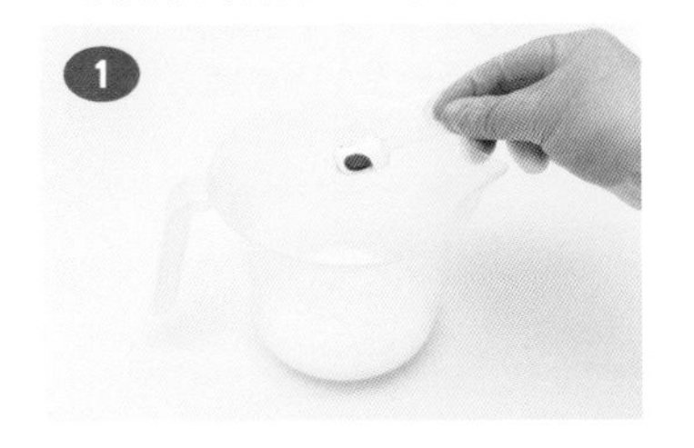


參照P.41做好打發鮮奶油，取40克輕輕攪拌，一邊加入氫氧化鉻，一邊調色。

將鮮奶油充分打發，以花嘴擠到步驟⑤的巧克力蛋糕上。

參照P.47做好藍莓，裝飾於鮮奶油上。

## • 巧克力鮮奶油杯子蛋糕

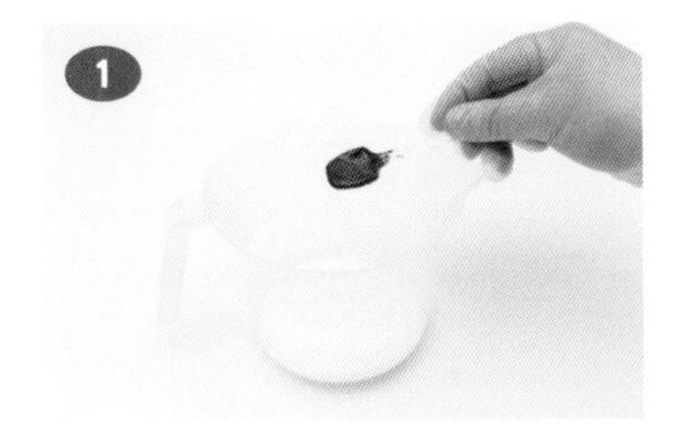


取40克鮮奶油，一邊加入氧化鐵(棕色)一邊調色。

將鮮奶油充分打發，以花嘴擠到步驟⑤的原味蛋糕上。

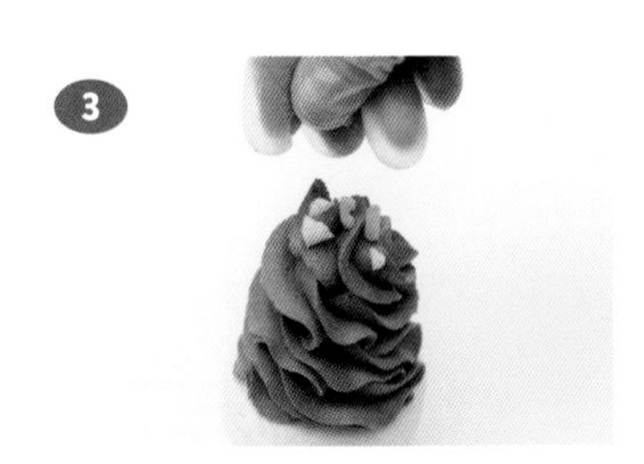


參照 P.62做好堅果碎片，撒在蛋糕上裝飾。

## • 蔓越莓鮮奶油杯子蛋糕

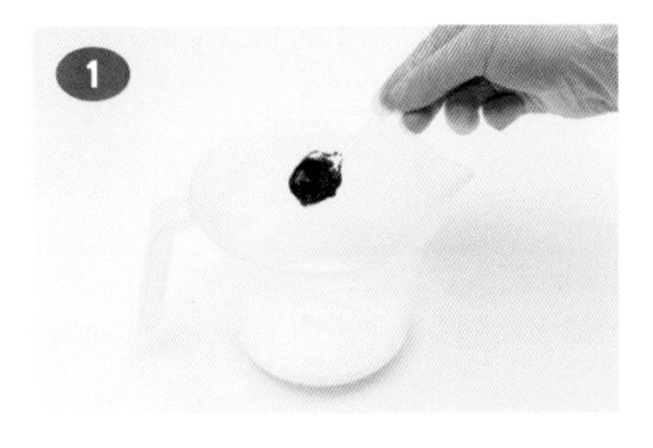


在剩下的鮮奶油中加入紅色、藍色、粉紅色食用色膏調色。

將鮮奶油充分打發，以花嘴擠到步驟⑤的原味蛋糕上。皂液冷卻後容易裂開，所以要盡快操作。

撒上彩色糖粒裝飾後就完成了。

一邊享受鮮奶油柔軟蓬鬆的觸感，一邊使用吧！

MACARONS

# 馬卡龍

色彩繽紛多樣的可愛馬卡龍，
是最適合用來送禮的甜點皂。
製作方法簡單又迅速，可以試著多做一些。

難易度：★☆☆☆☆
製作時間：20分鐘

直徑：3.5公分
高：2公分

〔材料〕4個

皂黏土（馬卡龍用）…40克
皂基（鮮奶油用）…15克+水10克
氧化鐵（黃色）…適量
紅色上色材料…適量
氧化鉻…適量
藍群青粉…適量

〔工具〕

- 料理秤
- 手套
- 擠花袋
- 夾鏈袋
- 免洗杯
- 免洗湯匙
- 烘焙紙
- 保鮮膜
- 美工刀

〔步驟〕

1 把小紙杯底部挖空，做成小的圓形壓模。

小訣竅
也可以用市售的餅乾壓模，當作小的圓形壓模。

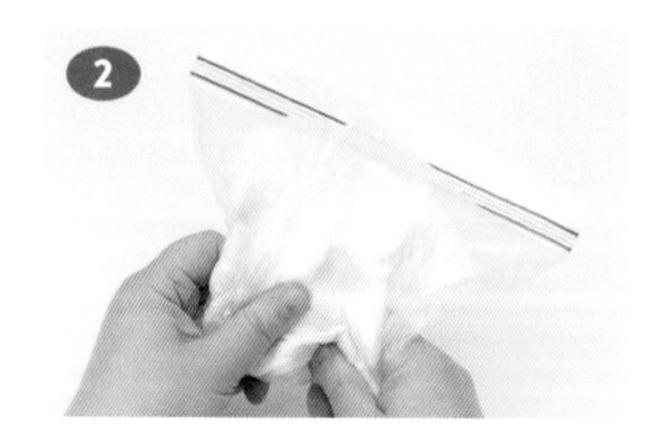

2 參照P.43做好皂黏土，開始製作馬卡龍。

3 將皂黏土分成每一塊10克，均等的4等分。

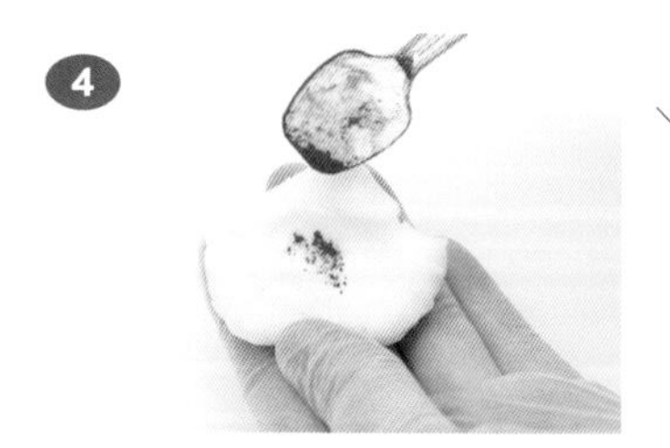

4 分別在皂黏土中混入少量上色材料，調整成自己喜歡的顏色。

小訣竅
這裡使用的上色材料如下：
- 粉紅色馬卡龍：紅色上色材料
- 綠色馬卡龍：氧化鉻
- 藍色馬卡龍：藍群青粉
- 黃色馬卡龍：氧化鐵（黃色）

將上色後的皂黏土捏成2個大小適中的圓球。

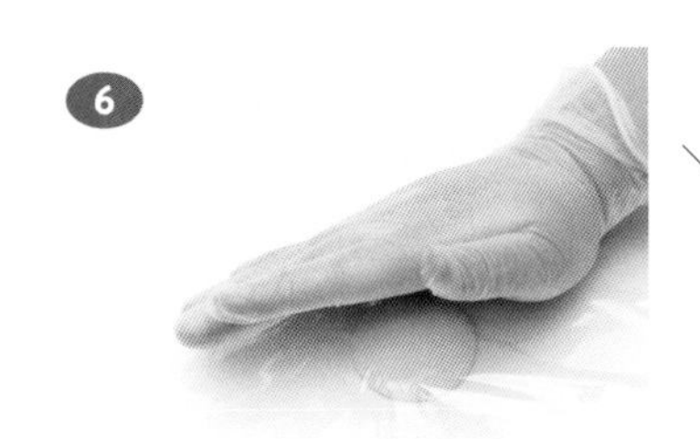


將保鮮膜蓋在步驟⑤上，用手掌壓成圓片狀。

小訣竅

蓋上保鮮膜有助於之後壓模裁切時，可裁出漂亮的形狀。

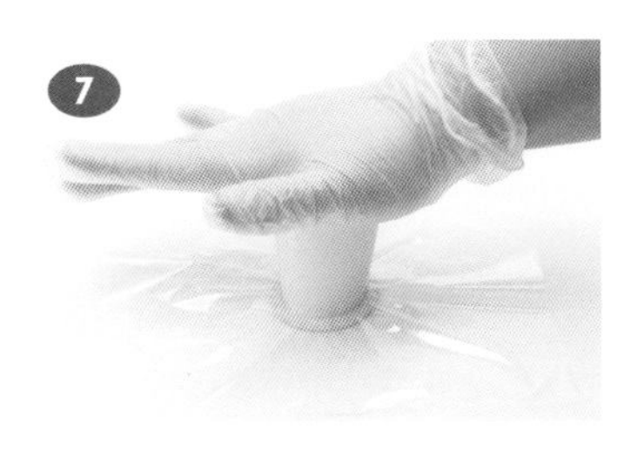


用步驟①的紙杯底裁出馬卡龍所需的圓片。

用手將馬卡龍整成漂亮的圓形。

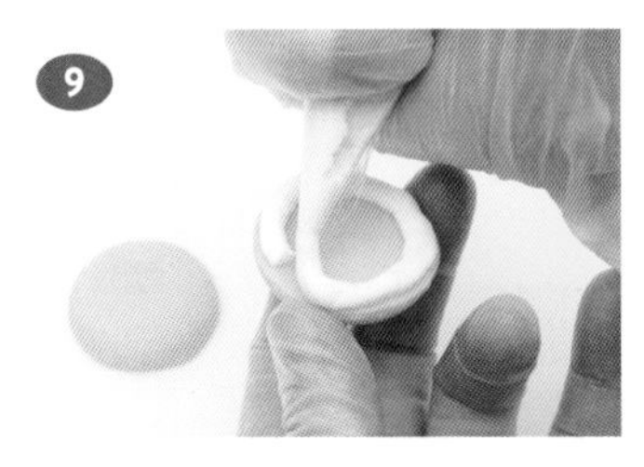


分次加少許水，將皂基(鮮奶油用)揉捏至奶油狀，填入剪掉尖端開口的擠花袋，擠在步驟⑧的邊緣。

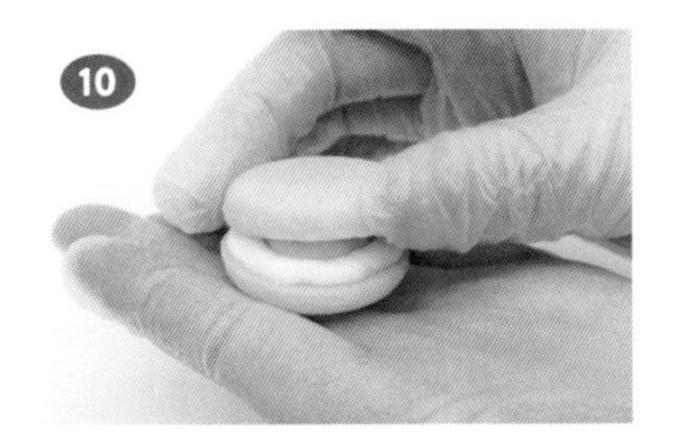


放上同色的馬卡龍上片，夾住鮮奶油。

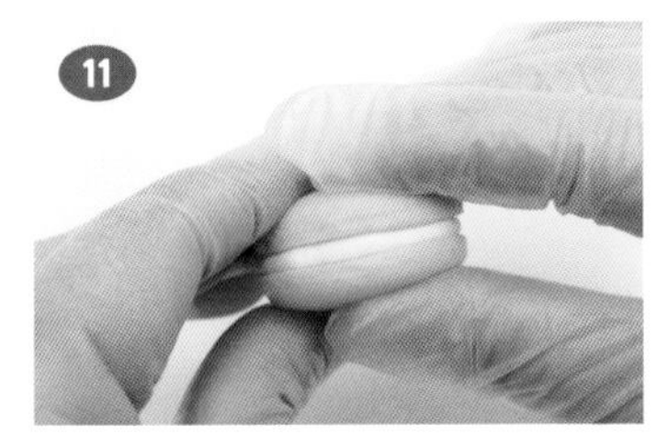


稍微壓扁一點，外型會更可愛。

## 成品

馬卡龍完成。可以將不同顏色的馬卡龍放進起泡網中使用，欣賞繽紛的色彩。

ICE CREAM

# 冰淇淋

只要有冰淇淋杓，就能迅速做出冰淇淋。
即便只是隨意組合製作其他東西時剩下的材料，
也能做出這款環保甜點造型手工皂。

難易度：★☆☆☆☆
製作時間：10分鐘

直徑：5公分
高：3公分

〔材料〕5～6個

白色MP皂液…100克×2份
氧化鐵（棕色）…適量
氧化鐵（黃色）…適量
氧化鉻…適量
藍群青粉…適量
草莓
- 皂黏土（紅色用）…5克
- 皂黏土（無染色）…10克
- 紅色上色材料…適量

〔工具〕

- 微波爐
- 料理秤
- 耐熱量杯
- 砧板
- 刀
- 打蛋器
- 手套
- 夾鏈袋
- 免洗杯
- 免洗湯匙
- 牙籤
- 烘焙紙
- 方格紙
- 冰淇淋杓

〔步驟〕・薄荷巧克力冰淇淋

參照P.38，將氧化鐵（棕色）混入40克融化後的白色MP皂液中，做成巧克力冰淇淋。

參照P.38，將氧化鉻、藍群青粉混入60克MP皂液中，做成薄荷冰淇淋。

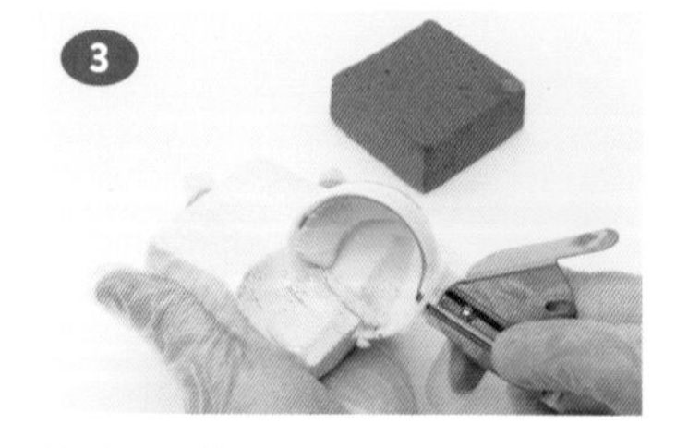

等步驟①和步驟②凝固後脫模，先用冰淇淋杓挖取適量薄荷冰淇淋。

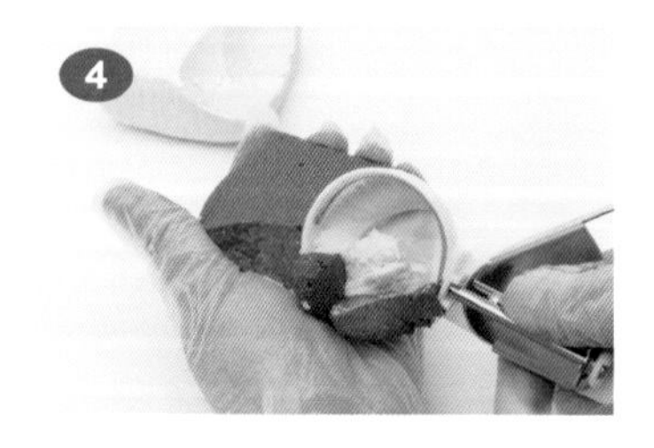

再挖一些巧克力冰淇淋，用手指往內擠壓。重複這兩個動作。

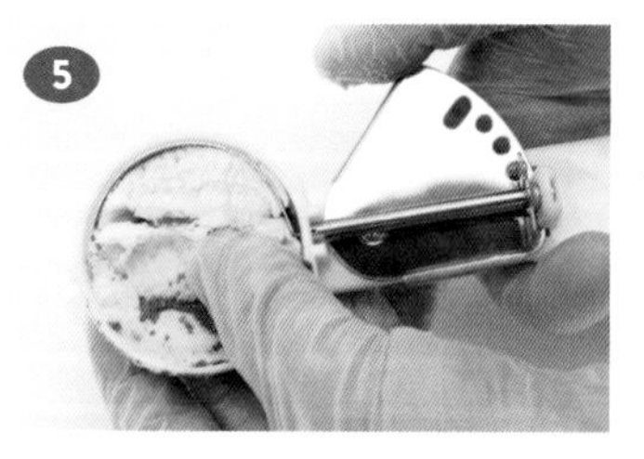

用手指把整個冰淇淋往杓內壓，避免中間出現太大的空隙。

小訣竅
以薄荷7：巧克力3的比例做，成品最像真正的薄荷巧克力冰淇淋喔！

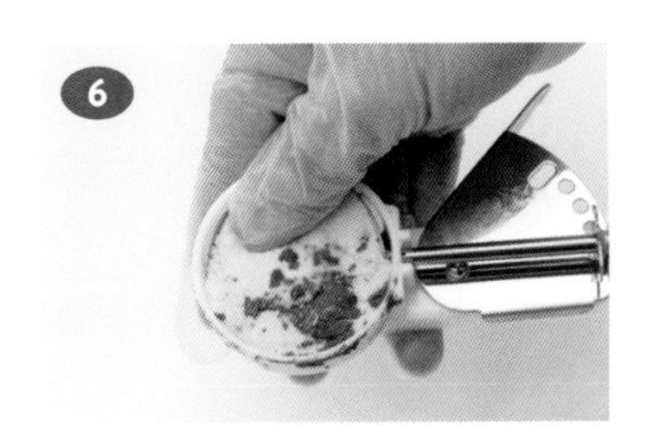


只做半球會有些單薄，可將冰淇淋塞到側邊溢出冰淇淋杓，視覺上更豐盛。

因為比真正的冰淇淋硬，要用力將冰淇淋皂從冰淇淋杓中弄下來。

> 小訣竅
> 若手指壓得太用力，冰淇淋素材會太硬，適度擠壓即可。

雖然表面並不光滑，但為了保留寫實感，稍微調整形狀。

薄荷巧克力冰淇淋完成了。

### • 草莓香草優格冰淇淋

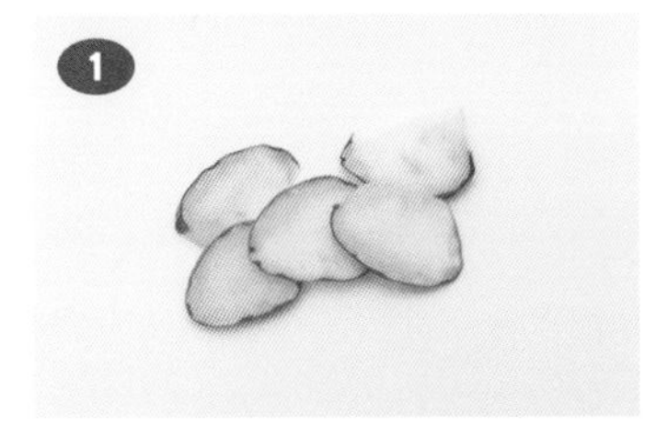


參照P.46，做好1個草莓，並且縱向切成薄片。

參照P.38，將氧化鐵（黃色）加入50克白色MP皂液中，製成黃色冰淇淋。50克白色MP皂液做成純色冰淇淋。

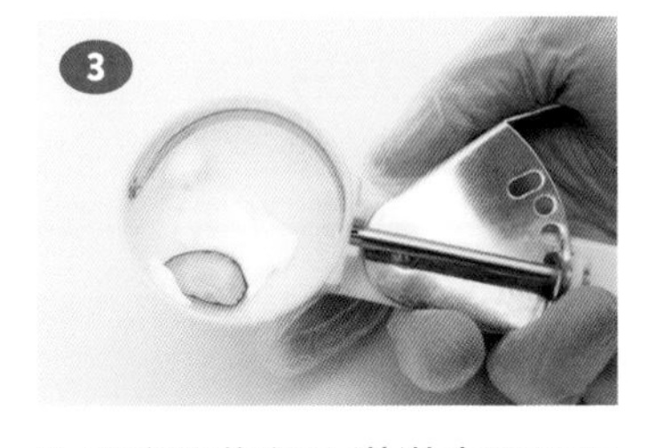


為了讓草莓在冰淇淋表面更明顯，先放入一些草莓片。

隨意將草莓、2種冰淇淋塞入冰淇淋杓裡。草莓比較硬，用手指確實塞進去。

這裡示範草莓和2種冰淇淋的組合，也可以自由搭配，做出不同的冰淇淋。

冰淇淋完成。成品放在肥皂盒裡面會很可愛喔！

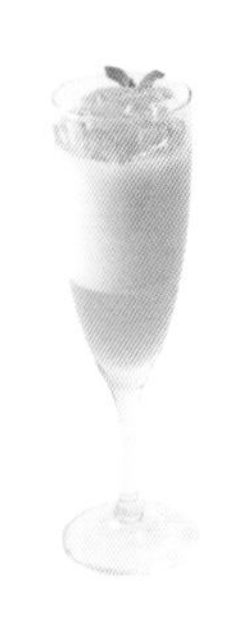

COCKTAIL JELLY

# 雞尾酒果凍

這是用香檳果凍和果凍碎塊
做成的雞尾酒果凍，
將液態皂呈現出的優美透明感，發揮到極致。

難易度：★★☆☆☆
製作時間：30分鐘＋1晚（放置）

直徑：5公分
高：19.5公分

〔材料〕

液態皂…55克
精製水…20克
濃甘油…25克
羅望子香料粉…4克
紅色食用色膏…適量
二氧化鈦…適量
薄荷葉…適量

〔工具〕

- 料理秤
- 耐熱量杯
- 砧板
- 刀
- 打蛋器
- 手套
- 免洗杯
- 免洗湯匙
- 湯煎器
- 鋼杯
- 溫度計
- 香檳杯

〔步驟〕

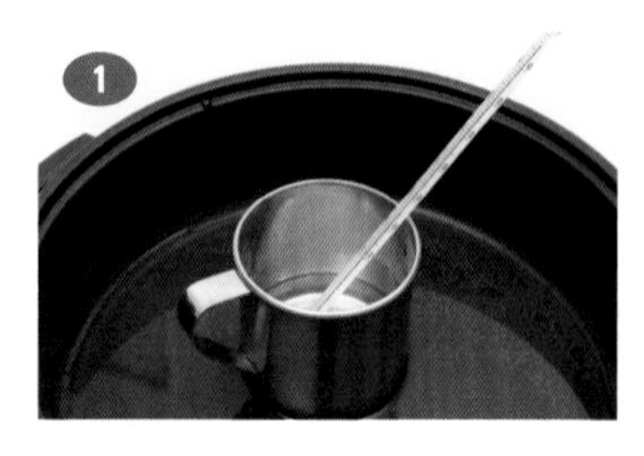

將液態皂、精製水倒入鋼杯中，隔水加熱到70℃。有湯煎器的話比較方便。

將羅望子香料粉加入濃甘油裡。

充分攪拌混合。

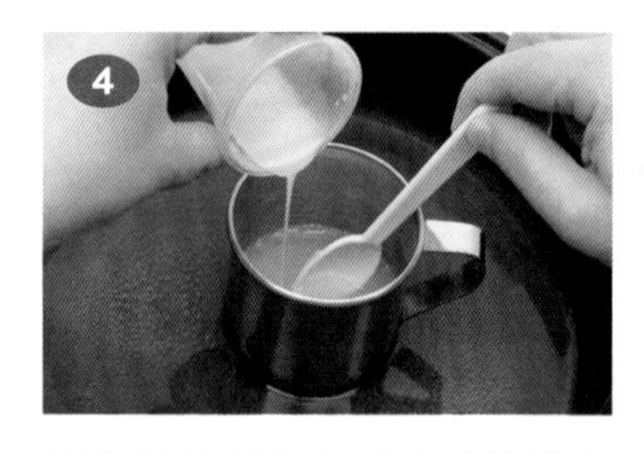

把步驟③倒入加熱中的液態皂裡。

小訣竅
一邊輕輕攪拌鋼杯裡的液態皂，一邊分次少量倒入。

把步驟④分成a30克、b50克、c20克倒入3個杯子中。在a和c中混入少許紅色食用色膏。

・第1層

在步驟⑤的a30克中，混入微量以水溶化的二氧化鈦。

步驟⑥混成半透明的粉紅色果凍液後，倒入香檳杯中。

・第2層

在步驟⑤的b50克中，加入數滴以水溶化的二氧化鈦。

然後大動作打發至皂液充滿泡沫為止。

輕輕將步驟⑨倒入香檳杯，別破壞步⑦的表面，倒至約八分滿。

將步驟⑩和c20克放置一晚凝固。

・裝飾

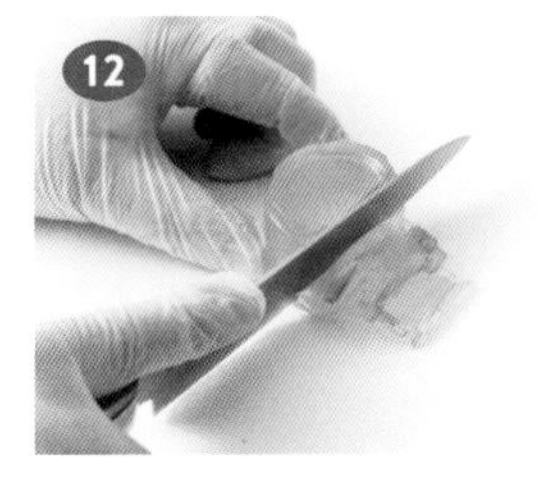

從杯中取出凝固的c20克，切成寬片狀。

接著大略切成塊狀。

等步驟⑩的鮮奶油表面凝固後，放上步驟⑬漂亮地裝飾。

在步驟⑭上放薄荷葉裝飾。可選枝葉前端葉片成對、形狀好看的使用。

成品

雞尾酒果凍完成。可以用湯匙撈出當成肥皂使用。

DONUTS

# 甜甜圈

甜甜圈可說是美式甜點的代表。
爽快淋上顏色鮮艷的糖霜，
隨意做出時尚可愛的甜甜圈吧！

難易度：★★☆☆☆
製作時間：45分鐘

直徑：6.5公分
高：3.5公分

〔材料〕5個

白色MP皂液
（甜甜圈用）…200克
白色MP皂液
（淋面用）…175克
氧化鐵（黃色）…適量
氧化鐵（棕色）…適量
二氧化鈦…適量
氧化鉻…適量
氫氧化鉻…適量
紅色上色材料…適量

裝飾
（玫瑰茶、珍珠糖、堅果碎片、椰子粉）
玫瑰茶…55克
裝飾珍珠彩糖…適量
白色MP皂…適量
二氧化鈦…適量
皂基…適量
氧化鐵（黃色）…適量

〔工具〕

- 微波爐
- 料理秤
- 耐熱量杯
- 砧板
- 刀
- 打蛋器
- 手套
- 免洗杯
- 免洗湯匙
- 烘焙紙
- 擀麵棍
- 方格紙
- 網架
- 美工刀

〔步驟〕

1 將氧化鐵（黃色）混入用微波爐加熱融化的白色MP皂液（甜甜圈用）中，充分打發。

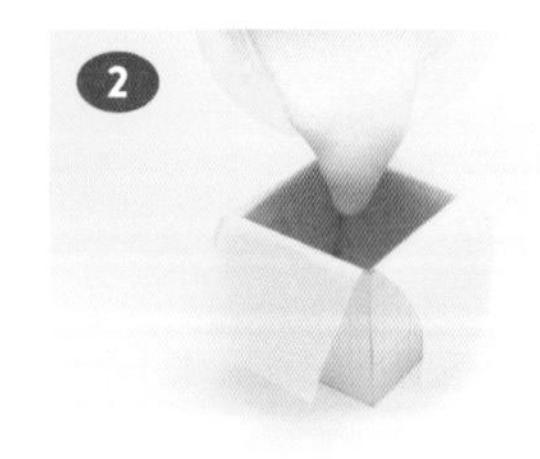

2 將40克步驟①倒入模型（長7×寬7×高5公分）中，等皂液凝固。

3 用美工刀挖空用來當壓模的紙杯底部，也可以用甜甜圈模。

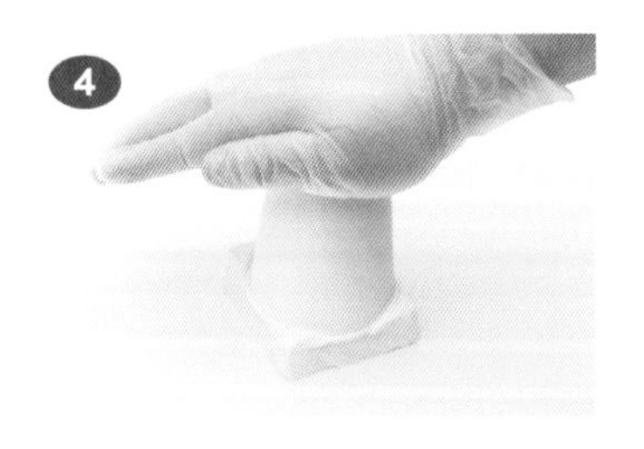

4 等步驟②凝固，用壓模切下形狀。可將2個紙杯疊著使用，避免壓壞紙杯。

5 在壓型後的步驟④中間，穿一個洞。

小訣竅
用擀麵棍等棒狀工具操作比較輕鬆。

依喜好調整甜甜圈的形狀，捏出圓胖。重複上面的動作，做出5個甜甜圈。

## • 藍糖霜巧克力甜甜圈

在30克融化的白色MP皂液裡，加入適量氫氧化鉻、二氧化鈦調色，淋在步驟⑥上。

小訣竅

當MP皂液約45℃、快要凝固時，最適合拿來淋面。

反覆淋面可使顏色更深，所以可以把流下的多餘皂液重新融化使用。

反覆淋面到糖霜呈現自己喜歡的顏色即可。

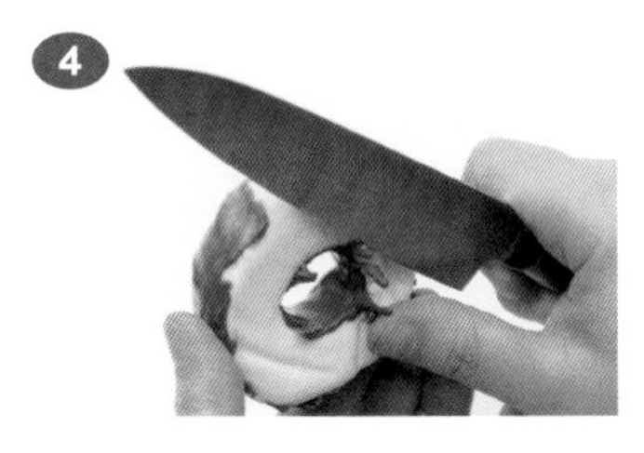

切除底部多餘的淋面醬，保留周圍自然流下的感覺。

取5克融化的白色MP皂液，混入較多氧化鐵（棕色），做出深色的巧克力醬。

把紙杯杯口捏扁，讓巧克力醬細細流下，淋在甜甜圈上。

## • 玫瑰白巧克力甜甜圈

把玫瑰茶切成碎片。

取35克白色MP皂液，加入二氧化鈦做成白巧克力醬，淋在甜甜圈上，撒些許玫瑰碎片。

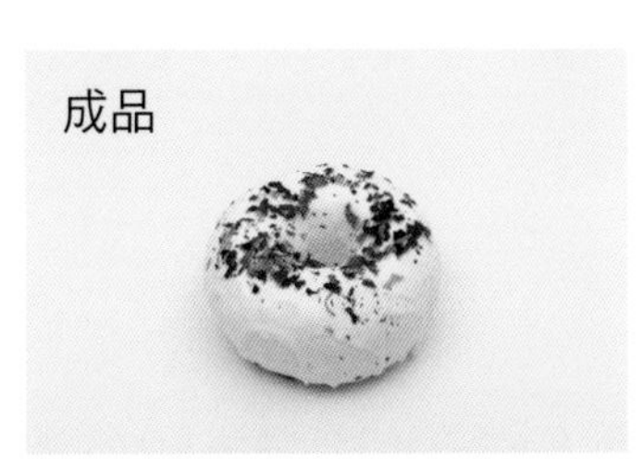

• 黃糖霜珍珠彩糖甜甜圈

1

準備珍珠彩糖。

2

取35克白色MP皂液，加入氧化鐵（黃色）做成黃色淋面醬，淋上甜甜圈，撒上珍珠彩糖。

成品

• 草莓堅果碎片甜甜圈

1

參照P.62做好堅果碎片。

2

取35克白色MP皂液，加入紅色上色材料、二氧化鈦做成粉紅色淋面醬，淋上甜甜圈，撒上堅果碎片。

成品
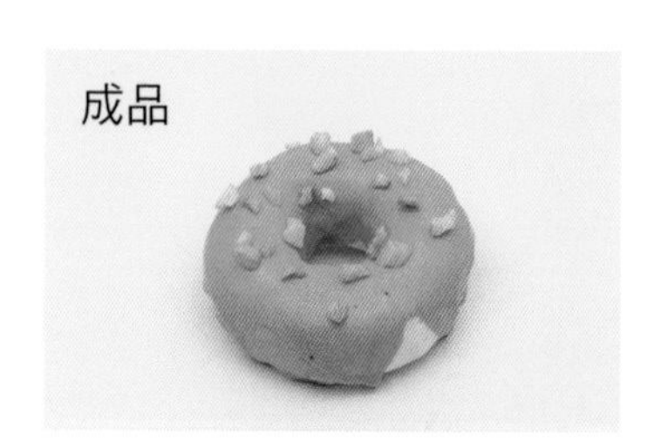

• 薄荷椰子粉甜甜圈

1
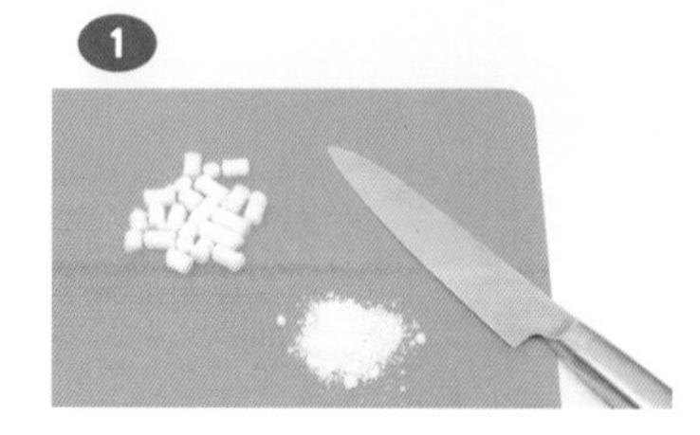
將MP皂細細地切成椰子粉的大小。

2

在步驟①中加入二氧化鈦，做出雪白的椰子粉。

3

然後充分攪拌，讓肥皂均勻染成白色。

4

取35克白色MP皂液，加入氧化鉻、二氧化鈦做成淺綠色淋面醬，淋上甜甜圈後，撒上步驟③。

成品

甜甜圈完成。手掌大小的甜甜圈皂最容易使用。

# SWEETS SOAP RECIPE

## PART 2

# 活動主題、季節甜點造型手工皂

· 綜合巧克力

· 聖誕木柴蛋糕

· 鮮奶油花裝飾蛋糕

· 練切一和菓子

CHOCOLATE ASSORTMENTS

# 綜合巧克力

如同小珠寶盒般的綜合巧克力，
很適合用來送禮。只要加上一點點變化，
就能做出多樣造型。

難易度：★★☆☆☆
製作時間：30分鐘

■方形
長：3.5公分
寬：2.5公分
高：2公分
■圓形
直徑：2.5公分

〔材料〕5個

白色MP皂基（巧克力塊用）…30克+水6克
白色MP皂基（淋面用）…60克+水12克
氧化鐵（棕色）…適量（3克配9克水）
表面裝飾（a、b、c、d、e）
- 白色MP皂基（a、d）…適量
- 二氧化鈦（a、d）…適量
- 可可粉（e）…適量
- 珍珠彩糖（c）…適量
- 金箔（b）…適量

〔工具〕

- 微波爐
- 料理秤
- 耐熱量杯
- 砧板
- 刀
- 打蛋器
- 手套
- 免洗杯
- 免洗湯匙
- 竹籤
- 烘焙紙
- 方格紙
- 網架
- 鑷子

〔步驟〕 •巧克力塊

在融化的白色MP皂液（巧克力用）中，混入氧化鐵（棕色），做成巧克力（參照P.38）。

切除邊緣，把步驟①切成四分之一大小的塊狀。

•a

取30克白色MP皂液（淋面用）加上二氧化鈦，做成白巧克力淋面醬，淋到步驟②上。

用紙杯接住從網架上滴落的淋面醬，反覆淋上數次。

切除垂在巧克力下方多餘的淋面醬。

小訣竅

用剩下的白色MP皂液（淋面用）加上氧化鐵（棕色），做成巧克力淋面醬。參照**a**的步驟①～③，以相同方式淋在**b**～**d**的巧克力上。

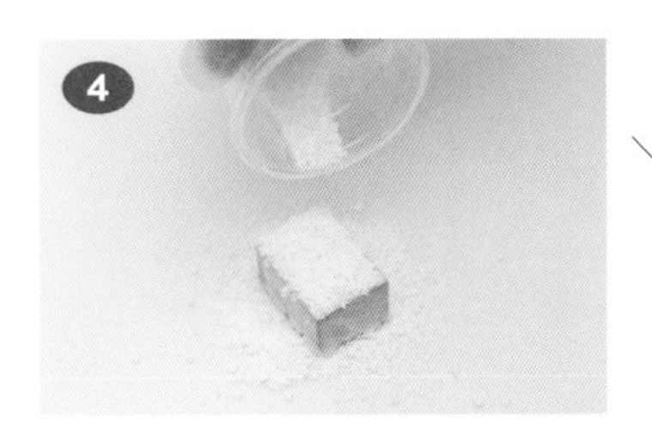


趁步驟③未完全乾透，放在攤成一片的椰子粉（參照P.80）上，裹上椰子粉後就完成了。

小訣竅

藉由翻滾巧克力塊，讓巧克力的側面也確實沾上椰子粉。

• b

趁巧克力淋面醬未沒完全乾透，放上金箔就完成了。

• c

趁巧克力淋面醬沒完全乾透，放上珍珠彩糖裝飾就完成了。

• d

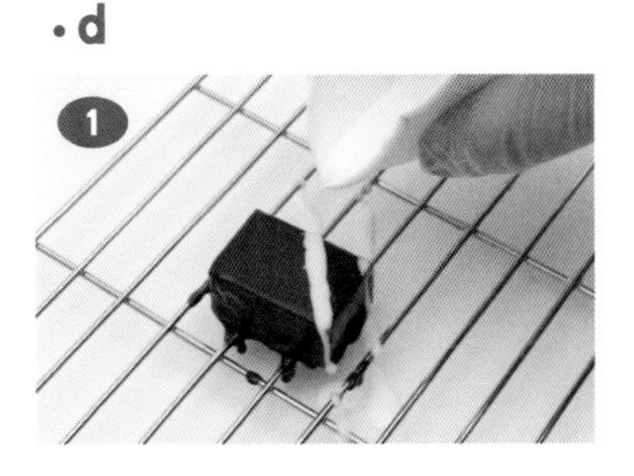


紙杯口捏扁，把P.82的步驟②剩下的白巧克力醬細細淋2～3條。

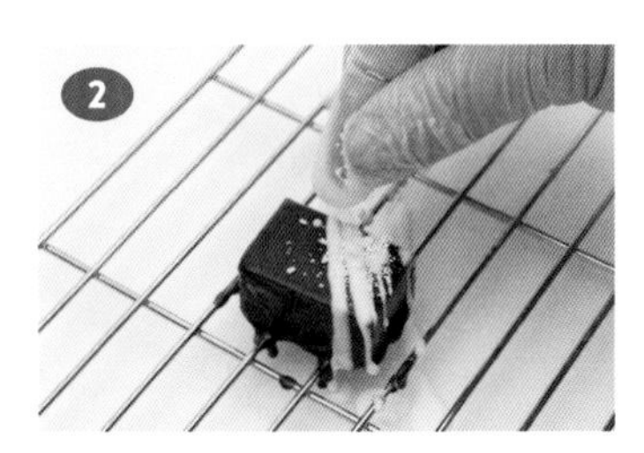


參照P.80，從上方撒少許椰子粉就完成了。

• e

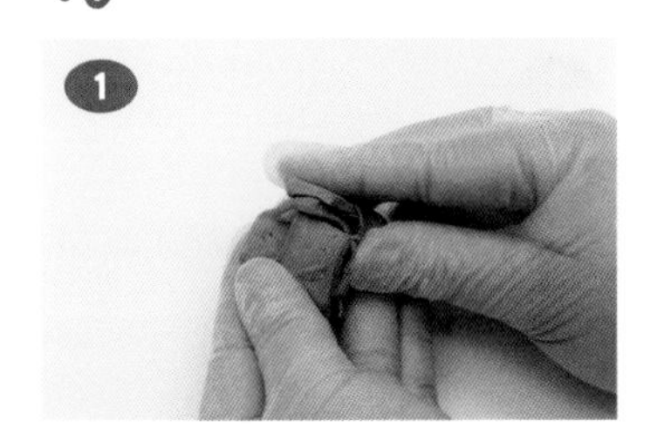


把P.82製作巧克力塊步驟②時切剩下的皂塊捏成圓球。

把圓球放在湯匙上，泡進巧克力淋面醬裡。

趁巧克力淋面醬未乾透時，撒些可可粉就完成了。

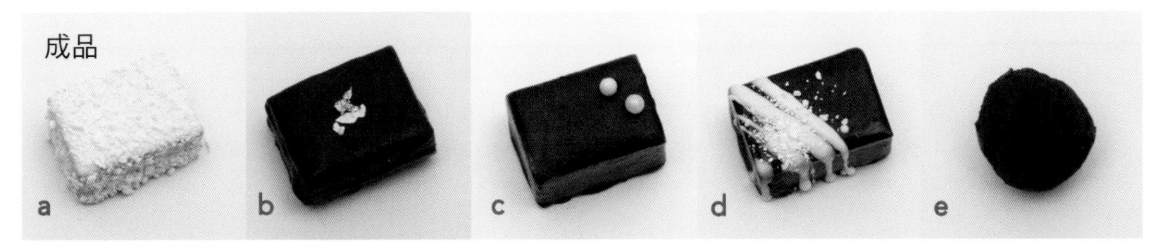


綜合巧克力完成。當成肥皂使用前，可先把幾種巧克力放在盤子上當成裝飾，觀賞一段時間。

BÛCHE DE NOËL

# 聖誕木柴蛋糕

聖誕木柴蛋糕是聖誕節時
不可或缺的代表性蛋糕。
試著將成品放在屋裡當作聖誕節的節慶擺飾，
享受真正的蛋糕無法給予的樂趣吧！

難易度：★★★★☆
製作時間：80分鐘

直徑：7公分
長：8公分
高(含裝飾)：10公分

〔材料〕

白色MP皂液(蛋糕用：深色)…114克
白色MP皂液(蛋糕用：淺色)…114克
氧化鐵(棕色)…適量(3克配9克水)
可可粉…適量
蛋糕裝飾(巧克力片)
　白色MP皂液(裝飾用)…30克
　金雲母粉…適量

〔工具〕

- 微波爐
- 料理秤
- 耐熱量杯
- 砧板
- 刀
- 打蛋器
- 手套
- 免洗杯
- 免洗湯匙
- 烘焙紙
- 方格紙
- 網篩
- 擀麵棍

〔步驟〕

把氧化鐵(棕色)加入融化後的白色MP皂液(蛋糕用：深色)中上色，倒入模型(長26×寬6.5×高5公分)中。

把氧化鐵(棕色)加入融化後的白色MP皂液(蛋糕用：淺色)中，染成淺色，倒入凝固的步驟①上。

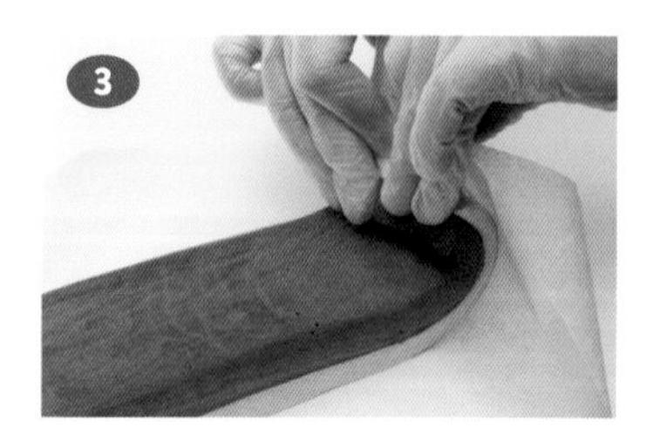

等②凝固，將蛋糕上下翻轉脫模，放在烘焙紙上捲成蛋糕捲。

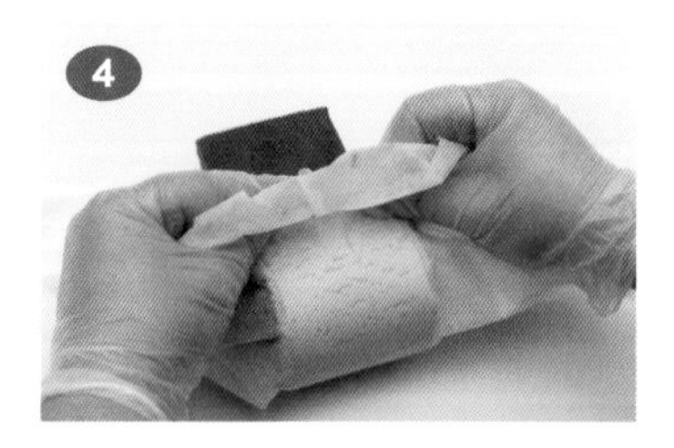

手拉烘焙紙，隔著烘焙紙捲起蛋糕。一邊將蛋糕擠進去，一邊捲成圓形。

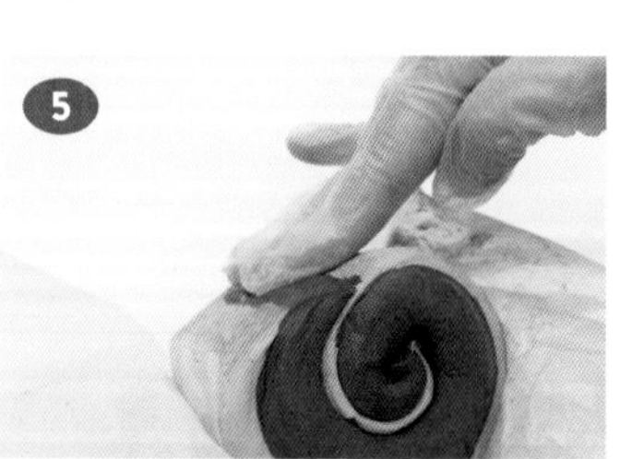

趁蛋糕還有些柔軟時，撫平接合處，調整左右和側邊鮮奶油擠出的狀況。

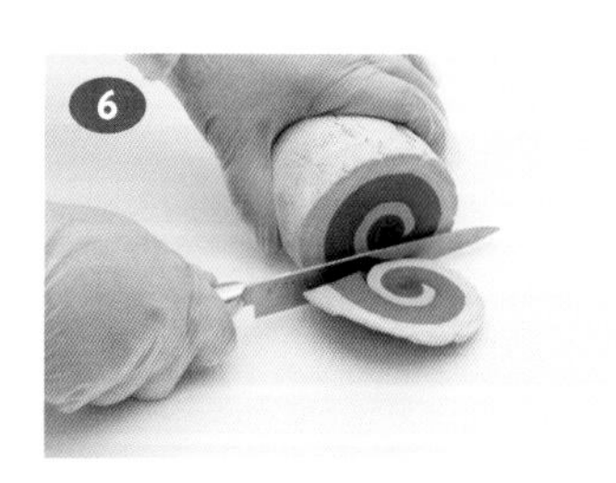

剝除烘焙紙，稍微切去兩端，讓蛋糕的斷面更美觀

將步驟⑥切下多餘的部分融化，做成抹醬，不夠的話可參照P.42製作。

將步驟⑦稍微打發，用湯匙反覆抹在步驟⑥上，做出樹幹不平的表面。

等表面稍微凝固後，撒上可可粉。

製作蛋糕上的裝飾。將少許金雲母粉撒在烘焙紙上。

用手指抹開金雲母粉，要故意抹得不太均勻。

將白色MP皂液（裝飾用）融化，混入氧化鐵（棕色），薄薄倒一層在步驟⑪上。

凝固後，切下喜歡的形狀，這邊以三角形做示範。

準備1塊細長的裝飾用巧克力片。

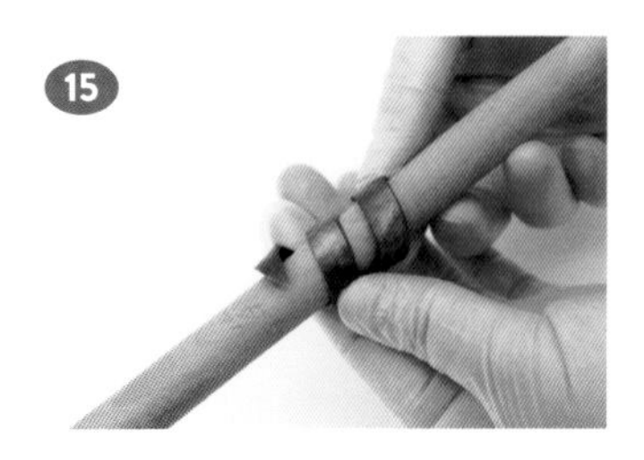

將巧克力片捲在擀麵棍上，做出螺旋狀的裝飾用巧克力片。

裝飾用的巧克力片完成了。

注意整體的平衡感，將裝飾用的巧克力片放到步驟⑨上。

成品

聖誕木柴蛋糕完成。用刀子切成片狀使用吧！此外，使用時要小心顏色染到其他東西上。

FLOWER DECOLATED CAKE

# 鮮奶油花裝飾蛋糕

這款豪華鮮奶油蛋糕，很適合在慶賀活動時送人。
奢侈地用一朵朵手製花朵當作裝飾，
是很有原創性的甜點造型手工皂。

難易度：★★★★★
製作時間：90分鐘

直徑：14公分
高（含裝飾）：7公分

〔材料〕

白色MP皂液（蛋糕用）…200克
白色MP皂液（淋面用）…100克
氧化鐵（黃色）…適量
蛋糕裝飾（葉片、花朵）
- 白色MP皂液…35克
- 液態皂…35克
- 玉米粉…60克
- 氧化鐵（黃色）…適量
- 皂黏土…10克
- 水…5克
- 氫氧化鉻…適量

〔工具〕

- 微波爐
- 料理秤
- 耐熱量杯
- 打蛋器
- 手套
- 擠花袋&花嘴
- 免洗杯
- 免洗湯匙
- 竹籤、牙籤
- 烘焙紙
- 方格紙
- 裱花釘
- 網架
- 黏土用刮刀
- 黏土用刮棒
- 鑷子

〔步驟〕

將氧化鐵（黃色）混入用微波爐加熱融化的白色MP皂液（蛋糕用）中，打發。

將步驟①打發至出現黏稠感。

準備好圓周約45公分（直徑約15公分）的圓形蛋糕模。

將步驟②倒入模型中。

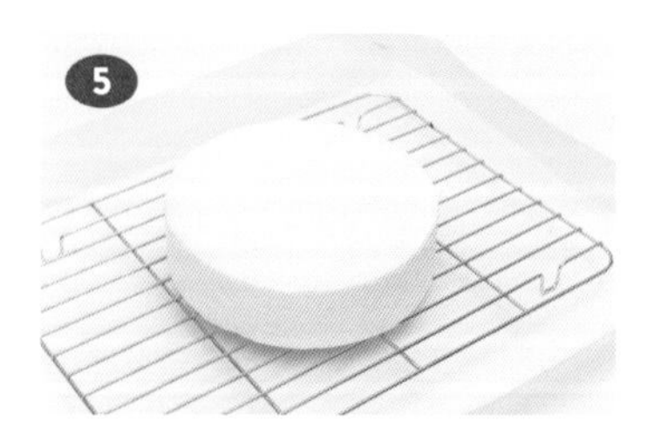

凝固後脫模，然後將蛋糕放在網架上。

將融化的白色MP皂液（淋面用）稍微打發，做成淋在蛋糕上的鮮奶油。

把步驟⑥淋滿整個步驟⑤。

小訣竅

迅速地反覆淋上數次。滴到下方的淋面醬可以再拿去融化打發，重複利用。

• 葉片

皂黏土加入水，充分揉捏後放在烘焙紙上，滴上以水溶化的氫氧化鉻。

僅用刀尖稍微混合上色材料，顏色不要混得太均勻。

刮起些許步驟⑨抹在烘焙紙上，做成葉片的形狀。

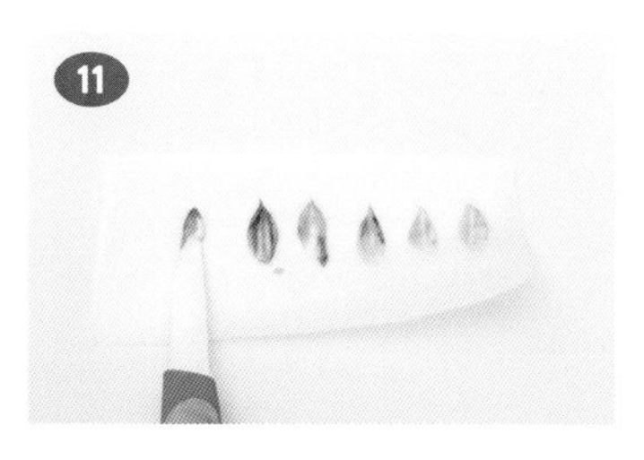

將刀子往自己的方向抹，就能做出葉片。重複動作做出多片葉片。

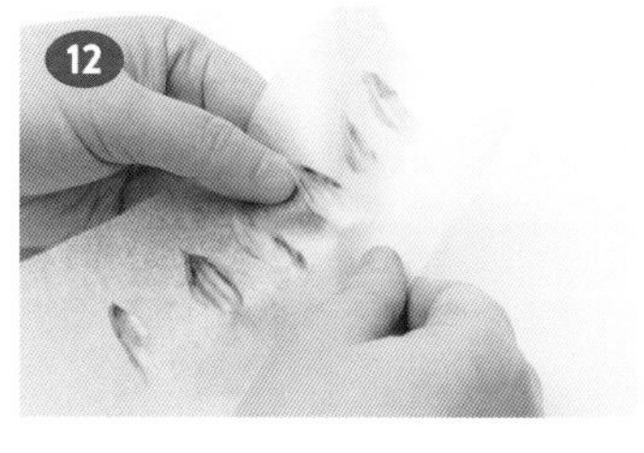

等葉片凝固後，然後從烘焙紙上取下。

葉片完成。

小訣竅

可以依個人喜好調整綠色的深淺，顏色不均勻可使葉片更逼真。

• 花朵

把液態皂(裝飾用)加入白色MP皂液(裝飾用)裡，用微波爐加熱融化，再倒入玉米粉。

用湯匙持續攪拌，直到皂液凝固到呈現直立的尖角。此時不要打發。

小訣竅

像是在等待鮮奶油自然冷卻凝固般，慢慢攪拌。

耐心用湯匙打發步驟⑮，至變得扎實為止。

小訣竅

充分攪拌至舀起時，鮮奶油呈現塊狀，不會從湯匙上滑落的程度。

把約100克的鮮奶油裝入擠花袋中。

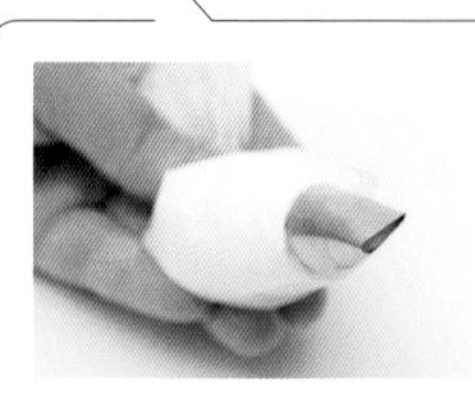

小訣竅

這裡示範的是玫瑰花，所以用玫瑰花嘴。只要改用不同花嘴，就可以做出不同花朵。

將步驟⑰剩下的用氧化鐵（黃色）染色，裝入另一個擠花袋裡，稍微剪去擠花袋的前端。

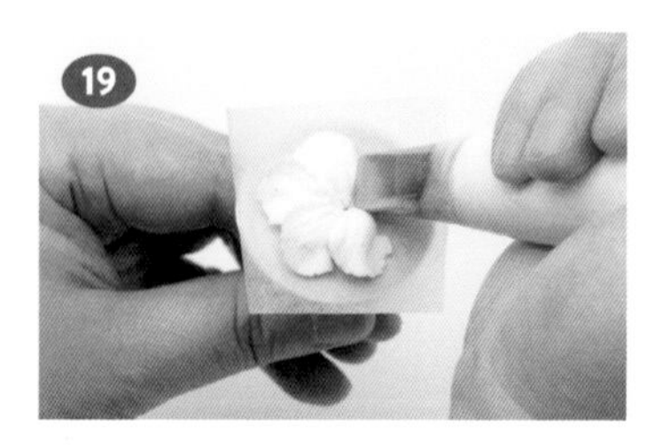

將步驟⑰薄塗在裱花釘上，放一小片烘焙紙，擠上花瓣。

小訣竅

可以先剪好幾片小烘焙紙備用。

做出幾片花瓣後，垂直在中間擠一些步驟⑱，當作花蕊，連同烘焙紙一起取下。

小訣竅

配合擠出花瓣的速度旋轉裱花釘，就能做出漂亮的花朵。

在裱花釘上塗步驟⑰，放上烘焙紙，擠出適量步驟⑰，在中間擠上較多的步驟⑱。

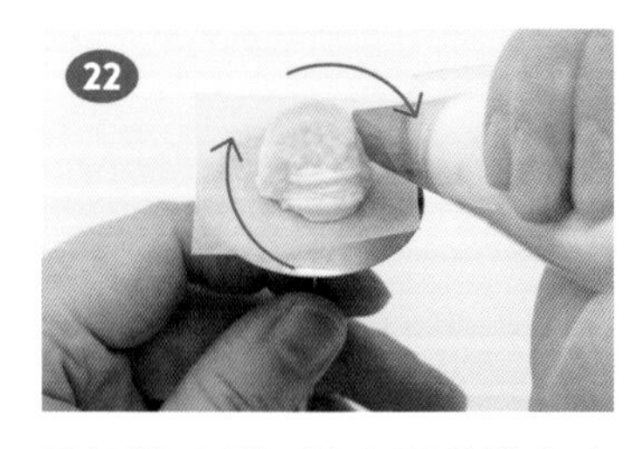

用同樣力道，將步驟⑰擠在步驟㉑的外側約半圈，再擠完剩下半圈，圍住步驟㉑。

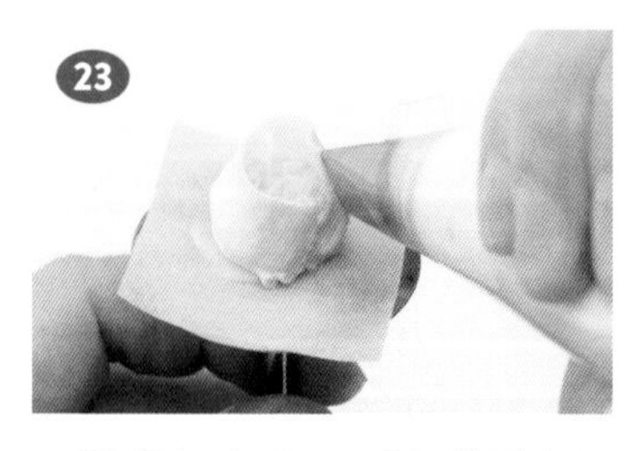

一邊增加高度，一邊重覆步驟㉒，內外層交錯地在步驟㉓的外側擠出花瓣。

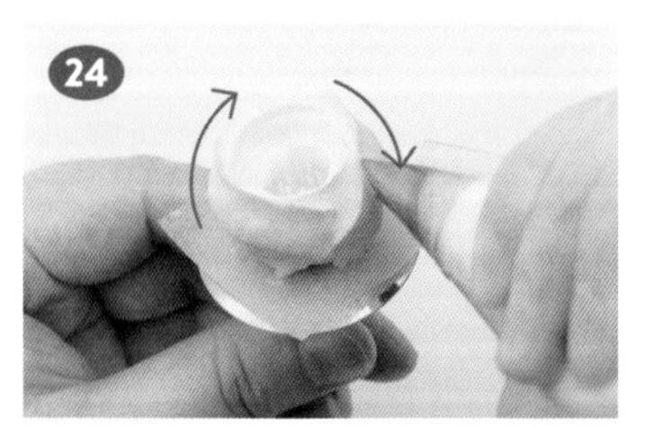

最外側的像是要鑽入花底般擠上花瓣，確實遮住下半部，花朵就完成了。

將適量步驟⑰，擠在步驟⑦想要放上花朵的位置。

用剪刀或鑷子從烘焙紙上取下花朵。

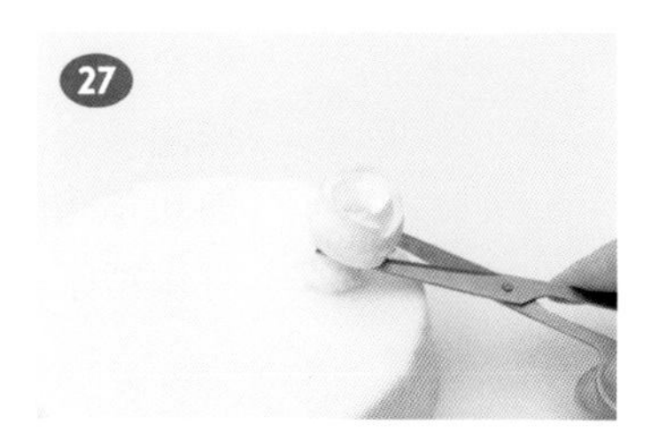


把花放在擠出的鮮奶油上，以此固定在蛋糕上。

決定好花的位置後，以填滿花朵間隙般，放上步驟⑬的葉片。

鮮奶油花裝飾蛋糕完成。像品嘗圓形蛋糕般用刀子切出一片使用的話，就可以長時間當作室內擺飾。

COLUMN

玫瑰花嘴

## 有了它，使用鮮奶油皂裝飾更方便

玫瑰花嘴正如其名，可以做出玫瑰花花嘴。擠出花瓣時，以水滴狀扁口花嘴（參照P.88）窄口那一端當作花瓣邊緣。用畫半圓的方式擠，就能擠出一片花瓣。花瓣相連，小小繞一圈，就成了一朵花。玫瑰花嘴也能做出像褶邊的裝飾。連續直線擠出褶邊鮮奶油，或是畫圓移動擠出鮮奶油，都能做出不同氛圍的裝飾。此外，根據花嘴的尺寸，完成的裝飾也給人不同的感覺。但無論如何，打發的鮮奶油不能太軟，不然擠出後很快會崩塌變形，所以一開始充分打發至鮮奶油變得扎實格外重要。另外，擠花袋上若有凸出的接縫處，可能導致好不容易裝飾好的部分因碰到而變形，操作時，得注意將接縫處朝上。玫瑰花嘴不僅可以製作花瓣，還能運用在各種地方，建議大家準備好，讓裝飾過程更順利。

NERIKIRI - JAPANESE SWEETS

# 練切—和菓子

無論從質感、最後的成品來看，
練切都和皂黏土十分相似，
可以精細地重現和菓子的美感。

難易度：★★★☆☆
製作時間：60分鐘

■球
直徑：3.5公分
■山茶花
直徑：3公分
高：2.5公分
■櫻花
直徑：3.5公分
高：2公分

〔材料〕3個

皂黏土（球）…共20克
皂黏土（山茶花）…共15克
皂黏土（櫻花）…共10克
紅色上色材料…適量
氧化鐵（黃色）…適量
氧化鉻…適量
二氧化鈦…適量
粉紅群青…適量
表面裝飾（球）
　金箔…適量

〔工具〕

· 料理秤
· 手套
· 夾鏈袋
· 免洗杯
· 免洗湯匙
· 竹籤
· 網篩
· 黏土用刮刀
· 黏土用刮棒

**依照下列分量，**
**準備6種顏色的皂黏土：**

A 深紅色2克
B 二氧化鈦25克
C 粉紅群青5克
D 氧化鐵（黃色）7克
E 氧化鉻5克
F 淺紅色2克

〔步驟〕• 球

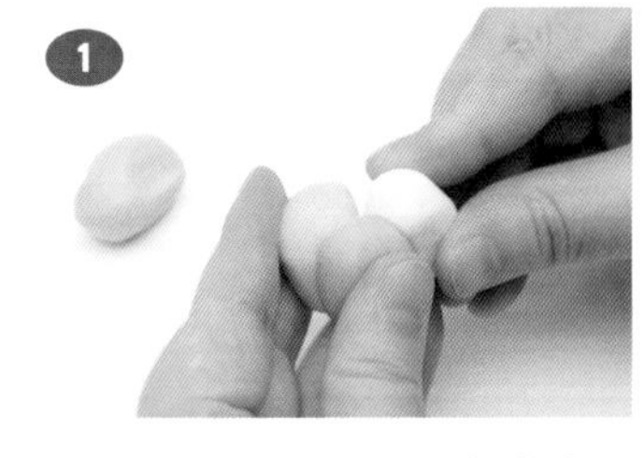

1 取B、C、D、E 這4種顏色各5克，併在一起。

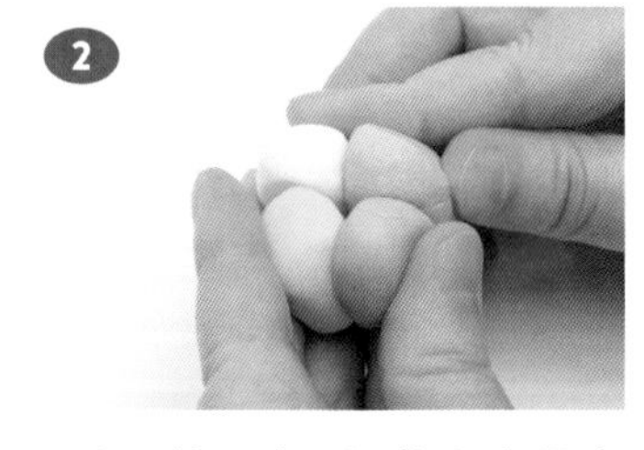

2 用手調整，讓4色黏土塊從上方看，是完美的4等分。

3 撫平步驟②的接合處，小心別讓顏色互相混在一起。

拿黏土用刮刀輕輕在側邊劃下一整圈直向的凹痕。

放上金箔裝飾。

成品

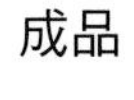

## • 山茶花

將12克的**B**揉成圓球，放上1克的**A**。

把**A**埋進去般揉捏黏土。不要讓**A**的顏色佔太大面積，成品會比較好看。

用黏土用刮刀劃出Y字形的凹痕。

小訣竅

比起銳利的凹痕，較寬的凹痕視覺上較佳，所以最好將刮刀往左右兩側壓，稍微擴大凹痕。

拿黏土用刮棒在上方壓出一個小凹痕。

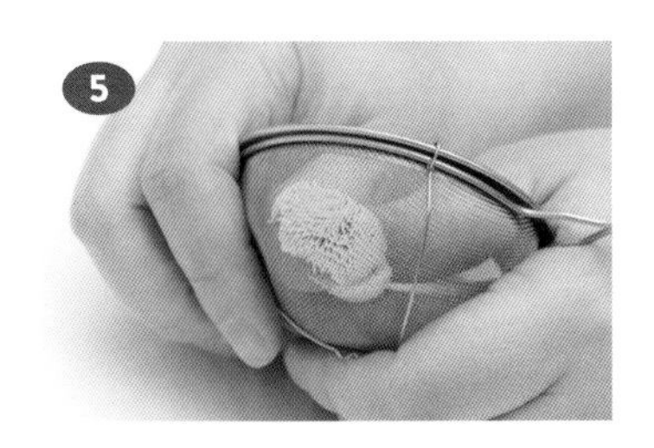

取2克的**D**，加入少量氧化鐵(黃色)讓顏色更深，再從網篩內側往外擠出。

用竹籤挑起一點步驟⑤，放在步驟④的凹痕上。

成品

## ・櫻花

將7克的B揉成圓球，放上1克的F。

把F薄薄地推開，讓顏色蓋住圓球的上半部。

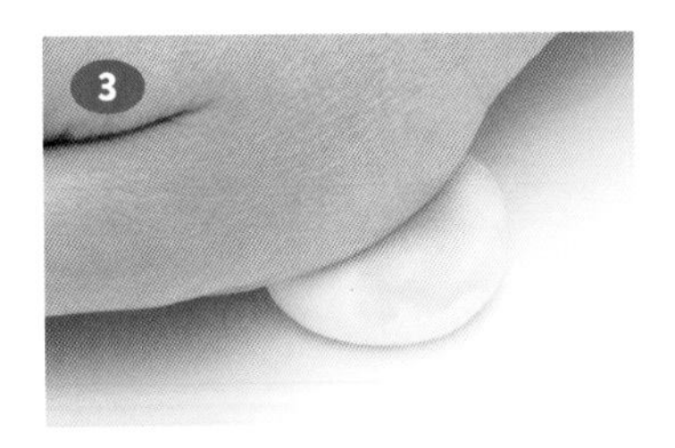


用手掌輕輕壓扁圓球。

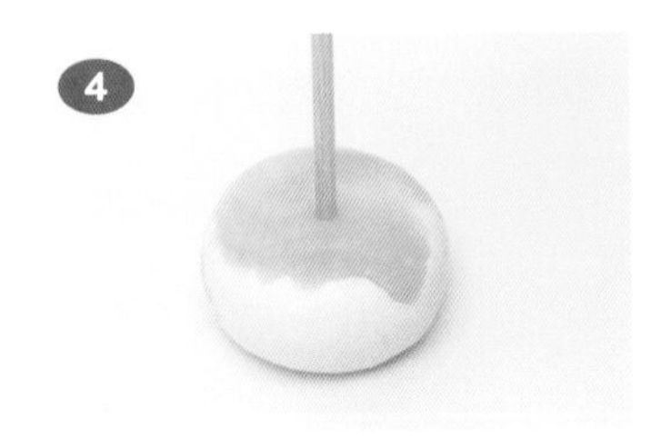


用竹籤在上方中間壓出小小的凹痕。

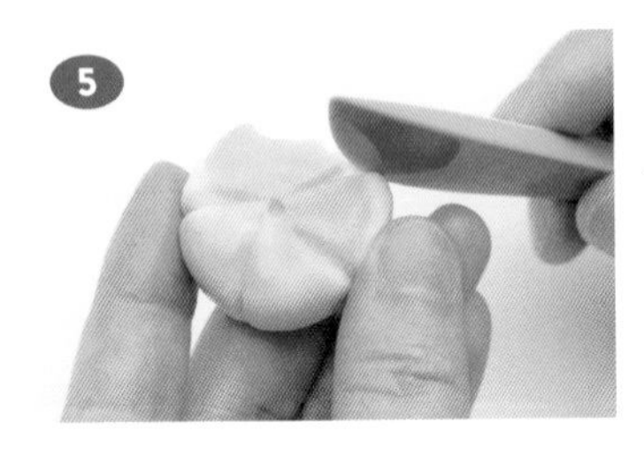


拿黏土用刮刀劃出5道凹痕，做出花瓣。

> 小訣竅
> 較寬的凹痕比較好看，所以最好將刮刀往左右兩側壓，擴大凹痕。

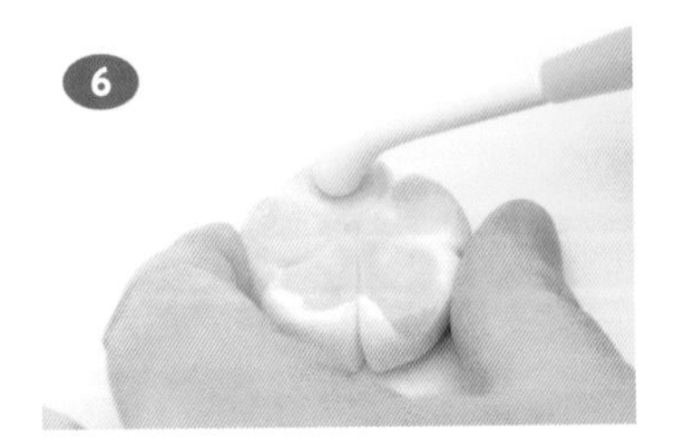


拿黏土用刮棒稍微按壓5片花瓣的中央，使花瓣中央微微凹陷。

在5片花瓣邊緣的中央劃下小小的凹痕，凹痕也要稍微擴大一些。

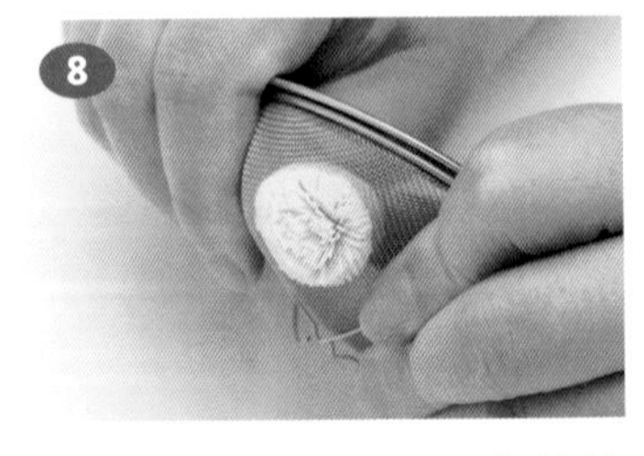


將2克的D從網篩內側往外擠出。

用竹籤挑起一些步驟⑧，放在上方中央。

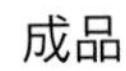
成品

一次一個，將小小的練切當作一次性肥皂使用吧！

SWEETS SOAP Q&A

# 甜點造型手工皂Q&A

在這裏，木下老師要為讀者們解答製作方法中，未能詳盡說明的問題。

## Q_1
### 什麼時候才能使用甜點造型手工皂？

**A**

用MP皂或皂基做成的手工皂，只要凝固後就可以立刻使用；用液態皂製作的雞尾酒果凍等甜點造型手工皂，最好放上半天，等內部都確實凝固了再使用。這些手工皂因為沒有添加防腐劑，果凍狀的手工皂建議在1週內，其他的甜點造型手工皂則是在1個月內盡快使用完畢。

## Q_2
### 要放在冰箱裡保存嗎？

**A**

只要避開高溫潮濕、陽光直射、有劇烈溫差的地方，不管放在哪裡都可以。手工皂因為含有大量甘油，所以不耐潮濕，一直放在潮濕的浴室裡表面會容易崩解。建議搭配能有效瀝乾水分的肥皂盒使用，放在通風處即可。

## Q_3
### 哪裡可以買到製作甜點造型手工皂的材料？

**A**

手工皂的材料可以在網路商店買到（台灣網路、實體店面皆可購得）。而烘焙用材料也是在超市等處就能買到的普通市售商品，書中介紹的工具也都可以輕易取得，建議大家盡量活用家裡現有的工具製作。

## Q_4
### 使用了上色材料，會有染色的問題嗎？

**A**

書中介紹的上色材料全都是水溶性素材，所以不太會發生染色問題。不過，顏色較深的可可粉、竹炭粉，有時可能會染到其他東西，使用時要特別留意。而用來洗毛巾之類的東西時，必須先確實洗淨手工皂。此外，使用可可粉的手工皂時，肌膚會比較滋潤；使用具強烈吸附力的竹炭粉、石泥粉（粉紅石泥粉）的手工皂時，則比較清爽。

就算不搭配毛巾或起泡網，甜點造型手工皂也能搓出大量泡沫。建議每次要使用時，再切下適當的尺寸。

## Q_5
### 當作裝飾或送禮時，要特別處理嗎？

**A**

甜點造型手工皂很怕潮濕，所以收納在袋子或盒子裡時，最好一併放入乾燥劑。此外，也要特別注意，防止有些人拿起來，或以為是真正的甜點而誤食。你可以告訴收禮者這是手工皂，裝飾時，也可以貼心地放張提醒小紙條。

## DIY創意集

如何把手工皂當作禮物
或室內擺飾，看看以下幾個DIY創意。

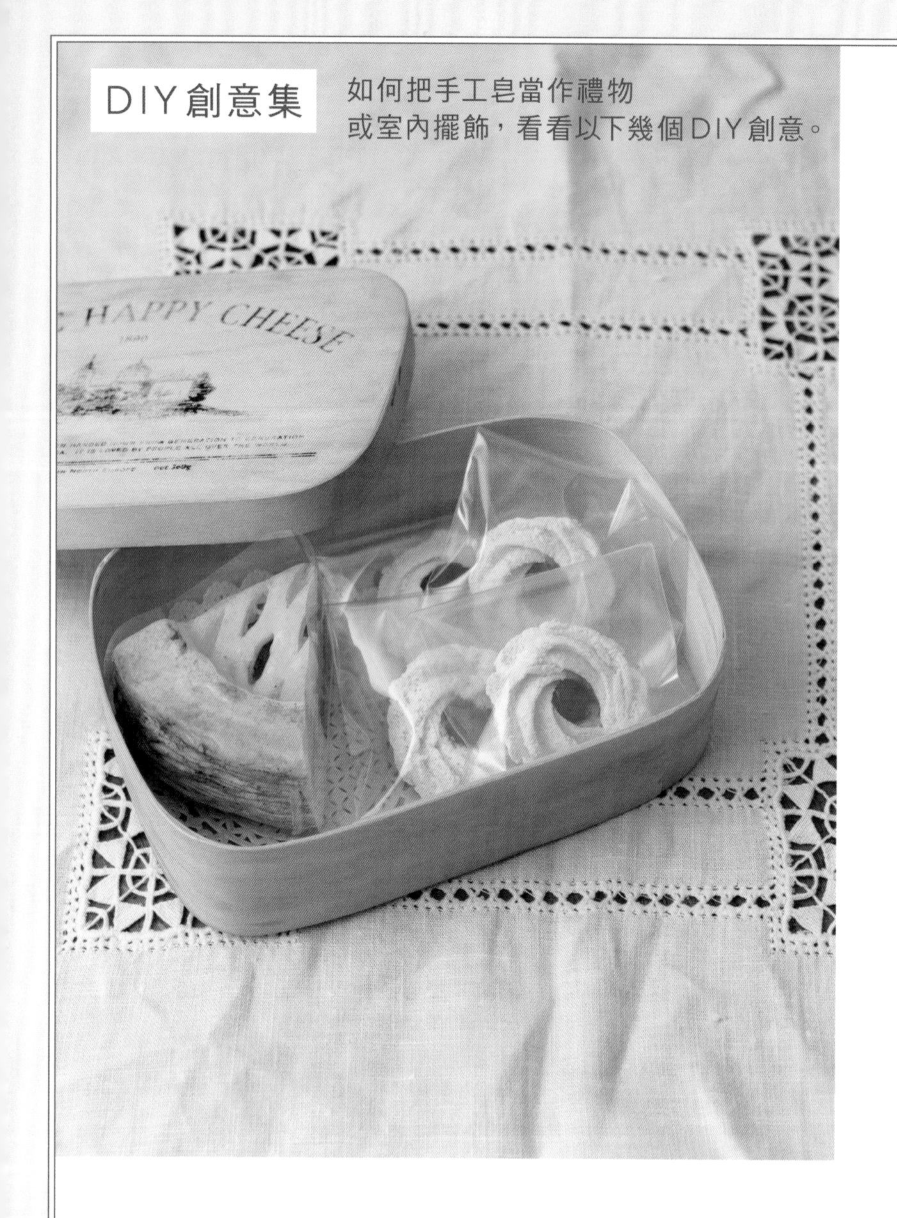


將甜點造型手工皂分別包裝起來，
做成像是甜點店販售的
綜合點心禮盒吧！

GIFT
### 禮物

只要在可愛的玻璃瓶
綁上小小的蝴蝶結，
便能打造出
一個簡單的禮物。
建議在瓶子裡放入乾燥劑，
可以避免甜點造型手工皂
因受潮而變形。

INTERIOR

## 室內擺飾

好不容易做出漂亮的作品，
當然想要放擺久一點。
不妨將成品擺在玻璃罩中，
除了可以防灰塵，
更增添時尚感。

做為季節性的展示品，
可以在節慶前後，
和各種當季的擺設放在一起。

Hands 062

# 和真的一樣！甜點手工皂

頂級名師傳授18款作品配方、
配色技巧、操作秘訣，新手安心學

作者 木下和美
翻譯 Demi
美術完稿 鄭雅惠
編輯 彭文怡
校對 連玉瑩
企畫統籌 李橘
總編輯 莫少閒
出版者 朱雀文化事業有限公司
地址 台北市基隆路二段13-1號3樓
電話 02-2345-3868
傳真 02-2345-3828
劃撥帳號 19234566 朱雀文化事業有限公司
e-mail redbook@ms26.hinet.net
網址 http://redbook.com.tw
總經銷 大和書報圖書股份有限公司（02)8990-2588
ISBN 978-986-98422-8-0
CIP 466.4
初版一刷 2020.05
定價 360元
出版登記 北市業字第1403號

リアルな見た目や感触が楽しい 泡立てて作るスイーツ石けん


Original edition creative staff
Photos: Rika Wada(mobiile,inc.)
Styling: Yuka Miyazaki
Book design: Akari Takahashi, Mariko Sugaya(Marusankaku)
Proofreading: Minekobo
Editorial collaboration: Hitomi Ota(office nerumu)
Planning and editing:
Chihiro Tsukamoto
(Graphic-She Publishing Co.,Ltd)

Special thanks
Conasu antiques (http://conasu.tokyo)
AWABEES(03-5786-1600)
UTUWA(03-6447-0070)